茶树高效生态栽培技术

韦持章◎主　编

四川民族出版社

图书在版编目（CIP）数据

茶树高效生态栽培技术 / 韦持章主编. —成都：四川民族出版社，2021.8（2024.6重印）

ISBN 978-7-5409-9971-1

Ⅰ. ①茶… Ⅱ. ①韦… Ⅲ. ①茶树－栽培技术 Ⅳ.①S571.1

中国版本图书馆CIP数据核字（2021）第163012号

CHASHU GAOXIAO SHENGTAI ZAIPEI JISHU

茶树高效生态栽培技术

韦持章　主编

出 版 人　泽仁扎西
责任编辑　李　霞
责任校对　姜　颖
责任印制　温祥宇

出版发行　四川民族出版社
（四川省成都市青羊区敬业路108号）
成品尺寸　148mm×210mm
印　　张　4.75
字　　数　90千
印　　刷　四川华龙印务有限公司
版　　次　2021年8月第1版
印　　次　2024年6月第3次印刷
书　　号　ISBN 978-7-5409-9971-1
定　　价　30.00元

本书编写人员

主　编：韦持章

副主编：韦锦坚　李金婷　廖春文

编　委（以姓名笔画为序）：

韦持章　韦锦坚　阳景阳　农玉琴　李金婷

陈远权　陈　杏　陆金梅　吴琴斯　骆妍妃

梁贤智　覃宏宇　覃潇敏　廖春文

前言

“一片叶子成就了一个产业，富裕了一方百姓。”茶叶产业是我国重要的农业产业，是“十四五”期间山区振兴乡村的特色产业之一，也是贫困地区农民脱贫致富的重要手段。要让茶叶产业与“绿水青山”携手并进，茶树高效生态栽培技术不可或缺。

茶树高效生态栽培技术以茶园减施提质增效为目的，力争在茶树种植、茶园管理、病虫害防治、茶叶采收等各个环节达到科学高效，打造出环境友好型茶园，生产出优质生态茶叶，提升茶叶原料的经济效益，促进茶叶产业高质量发展。

目前，我国茶叶主产区覆盖几个省份（自治区），其中多数产区的茶叶产业面临一些问题：主要劳动力外出务工，导致劳动力紧缺，劳动成本不断上涨；茶叶产品多而不优，而市场对生态、无公害茶叶的需求在不断提升；茶叶品牌影响力不高，品牌发展滞后于茶叶产业的发展；生产较为分散，种植户对茶园没有进行规范化管理，存在较大的安全隐患，导致茶叶原料价格上不去；未能行之有效地打通科技应用于生产的“最后一公里”，成果转化率低。因此，茶树生态高效栽培技术的宣传推广十分重要，它可在减施提质增效的同时保证茶叶质量安全，降低劳动成本的同时提升管理质量，使生产出的茶叶符合市场需求，符合生态安全要求，从而提高茶叶原料价格，提升茶叶品牌影响力，促进茶叶产业高质量发展，带动乡村振兴。

2020年，农业农村部出台了《关于促进贫困地区茶产业稳定发展的指导意见》，指出茶叶产业是贫困地区脱贫致富的重要产业，要强化尊重自然、顺应自然、保护自然，综合运用生物和信息技术等绿色高质高效生产措施，提倡使用绿色投入品，节约资源，保护环境。

编者依据现有科技成果、历年扶贫经验，查阅相关文献资料，将茶树高效生态栽培技术与实际生产紧密结合，撰写了这本普通茶叶种植户易于读懂、便于操作的书，旨在让其了解茶树高效生态栽培技术，秉持绿色生产理念，规范化管理茶园，生产出质优价高的茶叶产品，从而打造茶叶品牌，提升茶叶竞争力，推动市场消费，巩固脱贫成果，助力乡村振兴。

编　者

2021年4月

目 录

第一章 国内茶树栽培简介

第二章 种植茶树的自然条件

第三章 茶树品种选择与搭配

第四章　茶树种植栽培管理技术

第五章　茶树定植后管理技术

第六章 茶园绿肥作物种植与利用

第七章 茶树主要病虫害防治技术

第八章　茶园污染源防控及气象灾害防护

第九章　茶叶采摘与贮运

第一章

国内茶树栽培简介

第一节　国内茶树栽培历史

中国是茶树的原产地，也是世界上最早发现、栽培茶树和利用茶叶的国家。中国茶树栽培的历史与世界茶树栽培历史密切相关，在长期的传播和交流中，中国的茶籽、茶苗、栽培技术等直接或间接地传入世界主要产茶国，并逐渐发展，从而形成当今世界的茶产地。

秦以前（公元前221年前）是发现、利用茶和茶树栽培的起始时期，我国最早的诗集《诗经》中就有“谁谓荼苦，其甘如荠”等有关“荼”的诗句。先秦古书中没有“茶”字，部分学者联系唐代陆羽《茶经》“啜苦咽甘，茶也”的表述，认为“荼”就是“茶”。到西汉时期，记载茶的文献逐渐增多，从中可以看出茶的利用日益广泛，茶树栽培区域逐渐扩大。清雍正年间黄廷桂等人修纂的《四川通志》载：“汉时甘露祖师姓吴名理真者手植，至今不长不灭，共八小株……”这被认为是最早的关于我国人工栽培茶树的记载。

东汉《桐君录》记载：“酉阳、武昌、晋陵皆出好茗。”说明东汉时已有著名的茶叶产地。东晋《荈赋》中有："灵山惟岳，其产所钟。厥生荈草，弥谷被岗。承丰壤之滋润，受甘露之霄降。"讲的是茶树种在名山谷岗上，土壤肥沃，雨露滋润而生长繁茂。

据《图经》《地理志》和《华佗食经》等古书记述，两晋南北朝除了四川，还有湖北、湖南、浙江、江苏、安徽等地产茶。因此秦汉至南北朝时期是我国有确切历史记载的茶树栽培发展时期，茶树栽培已从巴蜀扩展到整个长江中下游地区。

唐代饮茶之风渐盛。宋代茶叶已成为人们日常生活中的必需品。

王安石在《议茶法》中称："夫茶之为民用，等于米盐，不可一日以无。"据研究，宋代约有产茶州府101个，辖县约500个，茶区推进到北纬36°。宋徽宗所著《大观茶论》中有："植茶之地，崖必阳，圃必阴。"苏东坡有"细雨足时茶户喜"的诗句。宋子安的《东溪试茶录》中有："茶宜高山之阴，而喜日阳之早……厥土赤坟，厥植惟茶……草木丛条，水多黄金，茶生其间，气味殊美。"在茶园管理方面，有了开畲拔术，也就是将茶园中的杂草除去。《建安府志》载："茶园恶草，每遇夏日最烈时，用众锄治，杀去草根，以粪茶根，名曰开畲。"我国现代山区茶园推行的伏耕就是开畲的延续。同时，还有著作专门提到桐茶间作，以改善茶园小气候，利于茶树生长。这些材料说明，宋人对茶树与环境的关系有了较深的认识，对茶园注意精耕细作。元代茶区在宋代基础上又有新的开拓，主要分布在长江流域、淮南及两广一带。明代茶树栽培面积继续扩大，郑和把茶籽带到台湾栽种，开辟了台湾茶区。从云南的金齿（今保山）、湾甸（今镇康县北）向北绵延一直到今山东的莱阳，基本上各个地区都形成了主要茶叶产地和代表茶叶。

明代《茶解》记载：“茶根土实，草木杂生则不茂。春时薙草，秋夏间锄掘三四遍，则次年抽茶更盛。茶地觉力薄，当培以焦土。”其中还指出，茶园除间植桐树外，还可间作桂、梅、玉兰、松、竹等“清芬之品”。这时开始注意茶园生态并且提出了上有荫、下有蔽的多层立体种植模式，茶园管理也达到了相当精细的程度。

在茶园栽培管理上，明清较唐宋有明显的飞跃。据农史学家万国鼎统计，从唐代到清代共有茶书98种，其中明清就有66种之多。众多茶书都记载了植茶技术的成果，尤其是在茶树繁育、茶树种植、茶园间作、覆盖以及修剪等方面，创立了许多新技术和方法，展现了古代中国茶树栽培的辉煌成就。

清末至中华人民共和国成立前，国内茶叶界学习西方先进技术，在茶树栽培和品种选育等方面进行系统研究，茶树品种选育、繁育试验、修剪试验、病虫害防治和茶树抗性试验等方面取得了突破，《茶树栽培》《茶树育种》《茶树虫害》等专著出版，逐步奠定了现代茶叶科技的基础。

现如今，中国茶树生长区域从海南通什到山东日照，从西藏林芝到台湾东岸，南北横跨边缘热带、南亚热带、中亚热带、北亚热带和暖温带。国家大力扶持和发展茶叶生产，推广茶树良种，实行科学种茶，建立健全了相关教学机构和科研机构，茶树栽培技术获得飞速发展，《茶作学》《茶树栽培生理》和《中国茶树栽培学》等一大批茶树栽培专著、教材和实用技术读物陆续出版，为我国茶树栽培的发展、茶树栽培知识的普及、相关人才的培养等做出了重大贡献。

第二节　国内主要茶区及栽培品种

目前，中国茶区东起东经122°的台湾省东岸，西至东经94°的西藏自治区米林，南自北纬18°的海南省榆林，北达北纬38°附近的山东省蓬莱，南北跨20°纬度，达2 100km；东西跨28°经度，纵横2 600km。产茶省（区、市）有：浙江、安徽、四川、重庆、台湾、福建、云南、广东、海南、湖北、湖南、江西、贵州、广西、江苏、陕西、河南、山东、甘肃、西藏和新疆。植茶区域主要集中在东经102°以东、北纬32°以南的浙江、湖南、湖北、安徽、四川、云南、贵州、福建、台湾、广西等。全国有1 000多个县产茶。

由于地理纬度、海陆分布和地形条件的影响，中国茶区内的自然环境差异很大，就气候条件而论，整个茶区横跨中热带、边缘热带、南亚热带、中亚热带、北亚热带和暖日热带等6个气候带，土壤、水热、植被等条件存在显著差异，但主要产茶区分布在亚热带地区。从地形来看，有平原、盆地、丘陵、山地与高原，海拔相差大。茶树最高种植在海拔2 600m高地上，最低在几米的低丘，大部分生长在800m以上，尤集中于200～300m的低丘陵。不同地区生长着不同类型、不同品种的茶树，因此茶叶品质及其适制性不同，形成了一定的茶类结构。茶区的土壤，自北向南为黄棕壤、黄褐土、红壤、黑壤、砖红壤，且多为酸性红黄壤。生态环境对茶树生长有明显影响，所用的栽培技术也就不同。

一、福建省栽培品种概况

福建省地处亚热带，气候温暖，雨量充沛，冬无严寒，夏无酷暑，年降雨量1 000～2 000mm，年平均相对湿度70%～80%，年平均气温17～22℃，年活动积温4 500～7 700℃，非常适合茶树生长。主栽品种为福鼎大白茶、铁观音、政和大白茶、大红袍、福云6号。福建是我国茶类最丰富的省份，除黑茶外，其余五大茶类均有生产，安溪铁观音、武夷岩茶、大红袍、金骏眉红茶、福鼎白茶与茉莉大毫是其代表性产品。

二、浙江省栽培品种概况

浙江省年平均气温15.6～16.4℃，年降水量1 330～1 700mm，年相对湿度为80%，年活动积温5 000～5 500℃，气候和土壤适宜栽培茶树。主栽品种为迎霜、翠峰、龙井43、浙农113、浙农117、乌牛早、安吉白茶。浙江主产绿茶，其中的西湖龙井享誉国内外。经20多年大力发展名优茶，浙江的茶叶产值居国内前列。其他名茶有大佛龙井、越乡龙井、开化龙顶、径山茶、金奖惠明茶与安吉白茶等。

三、云南省栽培品种概况

云南茶区属高海拔低纬度，地貌复杂，生态条件多样，为“立体气候”。茶园大多分布在海拔1 200～2 000m的地区，年平均温度12～23℃，年活动积温4 500～7 500℃，年降水量一般在1 000mm以上。全省除高寒山区外，气候温暖多湿，宜茶地区广。主栽品种为勐海大叶种、勐库大叶种、凤庆大叶种、云抗10号、长叶白毫、清水3号与紫娟等。茶类有红茶、绿茶、普洱茶、紧压茶和花茶，其中红茶和普洱茶在国内外市场享有盛名。

四、湖北省栽培品种概况

湖北省年平均气温15～17.1℃，年降水量为800～1 700mm，而茶树活跃生长期的降水量平均在1 000mm以上，无霜期207～307天，气候较适宜茶树生长。主栽品种为宜昌大叶种、宣恩苔子茶、福鼎大白茶、福云6号、鄂茶1号、鄂茶7号和鄂茶10号。湖北主产绿茶，占总量的80%，也产红茶和黑茶，传统的有宜昌工夫红茶、老青茶，名优茶有恩施玉露、采花毛尖、邓村绿茶、宣恩贡茶和英山云雾。

五、四川省栽培品种概况

四川盆地周围丘陵山地多，河流交错，春夏凉爽，湿润多露，秋冬暖和，年平均气温14～17℃，年日照1 000～2 000小时，具有日照少、云雾多、湿度大、漫射光丰富的特点，非常适宜茶树生长。主栽品种为南江大叶种、崇庆枇杷茶、名山白毫、名山特早213、天府11、天府28、蒙山9号、川农黄芽早、福鼎大白茶、乌牛早与中茶302等。四川主产绿茶，占总量的80%，其次是南路边茶和西路边茶，占15%。知名产品有竹叶青、叙府龙芽、川红功夫、浦江雀舌、峨眉雪芽和蒙顶黄芽等。

六、湖南省栽培情况

湖南茶区年平均气温16～18℃，年活动积温为5 000～5 800℃，无霜期261～313天，年平均降水量1 200～1 700mm，土壤以红壤、黄壤为主，适宜茶树生长。主栽品种为汝城白毛茶、江华苦茶、城步峒茶、槠叶齐、白毫早、福鼎大白茶、福鼎大毫茶和福云6号等。茶类有红茶、绿茶及黑茶，其中绿茶占50%，黑茶占30%，红茶占20%。代表产品有高桥银峰、古丈毛尖、湘波绿、安化黑茶、君山银针和黄金茶等。

七、安徽省栽培品种概况

安徽茶树种植集中在长江以南区域，此茶区年均气温15～16℃，积温4 800～5 000℃，无霜期230天，年降水量1 500～1 700mm，云雾多，昼夜温差大，茶叶品质好。主栽品种为黄山种“华茶21号”，祁门种“华茶22号”。安徽主产绿茶、红茶和黄茶，其中祁红、屯绿、黄山毛峰、太平猴魁与六安瓜片等驰名海内外。

八、广西壮族自治区栽培品种概况

广西雨量充沛，热量丰富，自然生态环境优越，气候类型多样复杂，冬长夏短，属于亚热带气候，年平均气温16～23℃，年活动积温5 000～8 300℃，年降雨量1 000～2 800mm，雨热同季，有利于茶树生长。主栽品种为凌云白毫、福鼎大白茶、福云6号、福鼎大毫与六堡茶原生种。广西主产红茶、绿茶、花茶，其中代表产品有六堡茶、茉莉花茶、西山茶、覃塘毛尖茶、凌云白毫茶、三江绿茶与漓江春等。

第二章

种植茶树的自然条件

第一节　光照与温度条件

茶树喜光耐阴，忌强光直射。强度遮光的茶树幼苗外表形态为茎干细而长，叶子较小；中度遮光的植株高矮居中，叶大色绿，叶面隆起，植株发育良好；不遮光处理的植株则生长较矮，节间密集，叶子大小处于前两者之间，叶色深暗，嫩叶叶面粗糙，但茎干粗壮。田间茶园亦是如此，空旷茶园全光照下，茶树叶形小、叶片厚、节间短、叶质硬脆，而生长在林冠下的茶树叶形大、叶片薄、节间长、叶质柔软。因此在茶园内进行合理的遮阳，控制一定的光照度有利于茶树的生长。广东英德茶场工作人员研究认为，遮光率以30%左右为宜，云南、海南茶园间作研究结果表明，遮光率在30%～40%时，有利于酚类物质的积累和茶叶产量的提高。

最适宜茶树生长的温度为20～25℃，此时新梢生长速度最快，日生长量可达1.5㎜以上。在自然条件下，日平均气温高于30℃，新梢就会放缓或者停止生长；如果气温持续几天超过35℃，新梢就会枯萎、落叶。学界一般把中小叶种茶树经济生长最低气温界定为-8～-10℃，大叶种定为-2～-3℃。

第二节　水分条件

茶树性喜湿怕涝，适宜栽培茶树的地区，年降水量在1 000㎜以上。茶树生长期间的月降水量要求大于100㎜。茶树对生育环境中的大气湿度有一定的要求，适宜茶树生育的湿度为80%～90%，若小于50%，新梢生长会受到抑制。茶园土壤的水分状况也会影响茶树的生长，若降水量小于茶园土壤水分蒸发、蒸腾量，土壤水分处于亏缺状态，茶树生育会受抑制；降水过多，排水不良，土壤水分长期处于过饱和状态，茶树根系则不能正常生长。土壤相对含水量为70%～90%最适宜茶树生长，此时，茶树根系充满活力，对营养物质的吸收（除钾外）处于较强状态，所获茶叶品质便是较好的。

第三节　地形地势与土壤条件

纬度、坡向、坡度、地形、地势、海拔等因素会影响气候条件，从而影响茶树生长发育。地形对茶园小气候的影响很大，对于坡地茶园，谷地茶树的头茶生育期较迟，越冬芽受低温危害程度大。地形不仅影响气候，还会影响土壤条件和植被分布。

茶树喜酸怕碱，喜湿怕涝，喜深、肥、松，怕浅、瘠、硬。土层厚度会影响茶叶产量，同一块茶地，土层越深，茶树高度越高，树幅越大。一般茶园建设要求有效土层达1m以上。茶树种植在壤土上生长较佳，若种在沙土或者黏土上，生长比较差。种植茶树的适宜土壤pH范围为4～5.5。土壤pH适宜，茶树叶片的叶绿素含量较高，光合能力较强，有机物合成和积累量大；茶树发芽早，新梢生长快，若pH大于6，茶苗生长不良，叶色发黄，有明显的缺绿症，叶龄缩短，严重的主茎顶芽枯死，根系发红变黑，败死现象普遍；pH小于4，茶苗叶色由绿转暗再变红，根系变红、变黑，生理活动受阻，甚至死亡。

第三章

茶树品种选择与搭配

第三章
茶树品种选择与搭配

第一节　茶树品种选用原则

茶树品种决定茶园产量、鲜叶品质。新建茶园时，要根据所生产的茶类，结合当地生态条件、茶树品种的适应性和适制性特点选择主栽品种，再利用不同品种在产量、品质、抗逆性以及提高劳动生产率等方面的综合效益进行合理搭配种植，以期茶园种植效益最大化。茶树品种选用要遵循以下原则：

1. 明确发展规划，选择适宜发展的茶类品种；

2. 结合新建茶园地形地势等生态条件，选择与之相适应茶树良种；

3. 在确定发展方向和适应生态环境的前提下，进行不同品种的合理搭配，利用品种的多样性提高加工品质；

4. 选用无性系作为茶园主栽品种，以达到管理上的统一，减少劳动力的投入。

第二节　茶树品种的合理搭配

一、不同萌芽期品种的搭配

不同茶树品种的萌芽期、发育期、内含物等方面的表现大不相同，为发挥品种间的协同作用，合理安排茶叶生产，优化劳动力及加工机械调配，茶园建设需充分考虑品种的搭配。

不同品种茶树的萌芽期不同，将不同萌芽期品种进行合理搭配，可以延长生产期，解决茶叶生产“扎堆”现象，使茶叶生产在一个相对均衡的生产条件下进行，保证茶叶质量。不同萌芽期品种搭配种植，还可以减少品种单一造成的病虫害快速蔓延及一些自然灾害的扩散，减少损失。

品种要根据茶园气候条件来搭配。根据实践经验，搭配方案主要有：海拔较低的丘陵山地和向阳坡面，以早生品种为主，占50%～60%，中生品种占30%～40%，而晚生品种占10%左右；海拔较高的山地和向阴坡面，以中生品种为主，占60%～65%，早生品种占25%～30%，晚生品种占10%左右。该搭配方案基本上可以保证每日进厂的鲜叶保持均衡，不会造成明显的生产压力。选择不同品种搭配种植，要注意茶叶色泽一致或相近，还须考虑百芽重相近，否则就会造成生产加工要求不一致，影响成茶外形、色泽。

二、不同品质特性的品种搭配

茶叶品种内含物成分直接关系着成茶品质，绿茶产区一般选用氨基酸含量相对较高的品种来搭配，红茶产区一般选用茶多酚含量高的品种来搭配。在生产中，要发挥各个品种的优势，就要充分考虑品种间品质成分的协同作用，如香气较好、滋味甘美或汤色浓鲜的品种进行搭配，依据茸毛的多少及叶形等进行组合，使鲜叶原料相互取长补短，提高产品质量。如大叶种制红茶滋味高，而小叶种制红茶香气足，两者合理搭配，产品会显现1 + 1 > 2的优点，成茶品质增效显著。

第四章

茶树种植栽培管理技术

第四章
茶树种植栽培管理技术

第一节 种植密度

常规生产的茶园一般采用单行或双行条栽。可以依据茶树品种和地理条件来合理密植。所谓“合理密植”，就是使茶树在一定的土地面积上形成合理的群体密度，充分利用光能和土壤营养，正常地生长发育，高产优质。合理密植的密度范围，因栽植区域、茶树品种以及管理水平等不同而存在差异。一般来讲，灌木型的中小叶种茶园单行列式种植，行距150cm，丛距25～33cm，每丛

图4-1 种植茶苗

成苗后有1～2株比较合适；如双行列式种植，行距150cm，丛距25～33cm，列距30cm，每丛成苗后有1～2株比较合适。气候寒冷的地区，培养矮壮型树冠可以提高茶树抵御低温的能力，可适当提高种植密度，行距可缩小至115cm，丛距26cm左右。南方茶区如果用半乔木或树势高大的云南大叶种、水仙、梅占、福鼎大白等茶树品种，可放宽行距至160～170cm，丛距至40～50cm。这种密度，能在正常管理的情况下，使茶树地上部分和地下部分占据合理的空间，构成一个合理的群体结构，得到正常的生长。茶树的株行距及株数要适当，若种植过稀，个体得到充分发展，但单位面积内的个体数不够，不能获得丰产；若种植过密，早期产量高，成龄以后，个体间形成抑制，产量也会受到影响。

第二节　标准种苗要求

为规范我国茶树种子和苗木的生产经营质量，原国家质量技术监督局颁布了由中国农业科学院茶叶研究所起草的国家标准《茶树种子与苗木》（GB 11767-1989）。它对规范我国茶树优良品种繁育起到了积极作用。中国农业科学院茶叶研究所针对我国主要生产经营无性系茶苗的状况，结合当时茶树良种的繁育、推广工作实际，对原标准进行了修订，取消了有性系品种种苗的相关内容，2003年原国家质量监督检验检疫总局颁布了国家标准《茶树种苗》（GB 11767-2003），该标准一直沿用至今。

穗条标准：以品种纯度、利用率、粗度为主要依据，长度为参考指标。分为两级，Ⅰ、Ⅱ级为合格苗，低于Ⅱ级为不合格苗，见下表：

表4-1　一足龄穗条质量标准

类别	级别	品种纯度（%）	穗条利用率（%）	穗条粗度（mm）	穗条长度（cm）
大叶种穗条	Ⅰ	100	≥65	≥3.5	≥65
	Ⅱ	100	≥50	≥2.5	≥25
中小叶种穗条	Ⅰ	100	≥65	≥3.0	≥50
	Ⅱ	100	≥50	≥2.0	≥25

品种纯度鉴定方法：

依照无性系该品种茶树主要特征，对被检苗木逐株进行鉴定，并按以下公式计算：

$$S(\%) = [P/(P+P')] \times 100$$

式中：S—品种纯度，单位为%；

P—本品种的苗木株数，单位为株；

P′—异品种的苗木株数，单位为株。

穗条利用率测试方法：

随机取500～1000g穗条，剪取标准插穗，计算标准插穗占穗条的质量百分率，按以下公式计算：

$$L(\%) = m_0/m \times 100$$

式中：L—穗条利用率，单位为%；

m_0—标准插穗质量，单位为克（g）；

m—样品穗条总质量，单位为克（g）。

穗条粗度测量方法：用游标卡尺等测量穗条中部处的穗条直径，精确到0.1mm。

穗条长度测量方法：用尺测量从穗条基部到顶芽基部的距离，精确到0.1cm。

穗条抽样检测：穗条检测在采穗园进行，按照下表所示比例随机抽样。

表4-2　穗条检测抽样量（kg）

穗条总量	数量（平均数）
≤100	0.5
101～1 000	2.0
1 001～5 000	3.0
5 001～10 000	5.0
≥10 001	10.0

种苗标准：以苗高、茎粗、侧根数、品种纯度作为主要评价依据，要求茶苗高度不低于20cm，直径不小于0.2cm，根系发育正常，叶片完全成熟，主茎大部分木质化，无病虫害侵染。按照标准可将一足龄的扦插苗分为两级，Ⅰ、Ⅱ级为合格苗，低于Ⅱ级为不合格苗，见下表：

表4-3　无性系一足龄扦插苗质量标准

类别	级别	苗高（cm）	茎粗（mm）	侧根数（根）	品种纯度（%）
无性系大叶种	Ⅰ	≥30	≥4.0	≥3	100
	Ⅱ	≥25	≥2.5	≥2	100
无性系中小叶种	Ⅰ	≥30	≥3.0	≥3	100
	Ⅱ	≥20	≥2.0	≥2	100

苗高测量方法：自根颈处量至顶芽基部，苗高用尺测量，精确到0.1cm。

茎粗测量方法：用游标卡尺等测距根颈10cm处的主干直径，精确到0.1mm。

苗木抽样检测：苗木检测限在苗圃进行，按照下表规定的比例随机抽样。

表4-4　苗木抽样检测量

苗木总株数	抽样株数
≤5 000	50
5 001～10 000	40
10 001～50 000	100
50 001～100 000	200
≥100 001	300

样本穗条或苗木检测时，如有一项主要指标不合格即判被检个体不合格。对穗条或苗木的总体判定：纯度不合格则总体判定为不合格。级别判定：低于该等级的个体不得超过10%，否则总体降级处理。总体判为不合格的穗条或苗木可

在剔除不合格个体后重新进行检验。穗条和出圃苗木应附检验证书以及苗木的标签。

第三节　种植期

茶苗移栽的时间，应因地制宜，一般选择春节前后，最迟不超过3月份。雨水分布均匀，有灌溉条件的地区可在10月至12月上旬移栽。茶苗移栽最好在阴天或雨后进行，定植前开好宽30cm、深40cm的沟，沟中施底肥，肥上覆盖一层土壤后再定植茶苗。起苗时尽量少伤根、多带土，定植后要浇透定根水，之后的一个月内要视天气情况每两三天浇水一次。

第四节　种植方法

一、种植前准备工作

★**茶园的清杂**：在新建茶园时，需要清除杂草、刺丛、杂树、树桩、树根、草根和乱石等，以利开荒工作的顺利进行。若园地之前种植香蕉等作物，地面有残留的石灰残渣，应尽量清出园地之外，并施适量硫黄粉（$100 \sim 150g/m^2$）调整土壤酸碱度，以免今后茶树缺行断垄。发现群居而有可能危害茶树的地下害虫，应及时消灭。所有被清除物必须送至茶园外处理，不能就地烧毁，更不可放火烧坡。

★**茶园的开垦：**开垦方法为全面深耕50cm以上，生荒坡地分初垦和复垦两次进行，初垦深度一般需50cm，全面深翻，深耕后不要马上碎土，以利蓄水和风化。初垦完成后即可进行复垦，复垦深度为30cm左右。复垦时需打碎土块，拣净草根，平整地面，为播种栽苗做好准备。在斜坡边缘、农田水塘交界处，如无沿边的园路，则应留2m左右的草带，以防止泥沙冲入农田、水库。

★**种植前整地：**以种植沟轴线为中心，整理宽80cm、深10cm的种植畦面——有利于移栽操作和茶树根系生长。开沟时注意表土、心土分别堆放，特别是坡地茶园，开梯地应让表土全部回沟。如果肥料多，可以全面施；如果肥料少，则集中条施。条施时，表土移开，开深50cm的沟，沟底挖松，按层分施，层层覆土，表土移回。施肥后经过几个月的腐解，待土壤下沉后方可整地，在沟上种茶。茶苗或茶籽不可直接与底肥接触，应相距15cm以上，即施肥至离地面20cm左右，再用表土填。亩施腐熟有机肥3～5t，饼肥0.15～0.2t，磷、钾肥各30～50kg（磷肥应提前一个月与有机肥混合堆沤）。也可在行间种植绿肥作物，一般选用适应本地栽种的禾本科或豆科作物，收获时连同杂草嫩枝一起铺入行间，以改良土壤，增加有机质，为茶园优质高产稳产打好土壤基础。

二、起苗

做好准备工作后便可起苗。起苗的前一天将土壤浇透，这样可以使茶苗根系多带泥土，减少起苗和运输过程中的根系损伤。起苗的最佳时间为阴天的早晨或傍晚。

三、包装运输

外运茶苗，运输时间在两天以上的必须对茶苗进行包装，每100株捆成一束，根蘸泥浆，然后用绳子捆扎根部，上部约一半露在外面透气，再把5～10束绑成一大捆，起运前用水喷湿根部。长途运输最好用竹篓等装载。运输过程中，茶苗不要压得太紧，注意通风透气，避免闷热致使茶苗红变、脱叶，防止日晒风吹和机械损伤。苗木运到目的地后，应及时种植或假植。

四、茶苗假植

若苗圃起出的茶苗当日未移栽或等待装运，又或运到目的地后不能及时定植，应进行假植，防止茶苗失水、成活率降低。假植应选择避风背阳的地段，掘沟25～30cm深，一侧的沟壁倾斜度要大，将茶苗斜放在沟中，然后用土填沟并踏实。覆土的深度以占全株的一半或盖至茶苗根茎部上面4～5cm处。茶苗排放的密度根据苗木数量、苗体大小及假植时间而定，一般5～6株茶苗为一小束即可。

五、移栽方法

移栽的茶苗要保证质量，一丛栽植2～3株茶苗，每丛规格必须一致，不能同丛搭配大小苗。凡不符合规格的茶苗，应加强培育，来年再移栽。移栽茶苗，要一边起苗一边移栽，如果营养钵未腐烂，须去除，以防茶苗根系不能与土壤充分接触而影响生长。栽植时应使根系保持原来的舒展姿态。若主根过长（超过33cm）可酌情剪短，但应注意保留侧根。填土时，要边覆土边踩紧，使茶树的根与土壤紧密接触，不可上紧下松。待覆土至沟深2/3～3/4时，浇定根水，要使根部的土壤完全湿润。边栽边浇，待水渗下再覆土，填满踩紧，加土至与茶树基部泥门相平为止，过深或过浅，都会影响茶苗的成活率。

六、幼苗期管理

★**抗旱保苗**：茶苗出土后，采取插遮阴枝（树枝、作物、秸秆等）和间作遮阴物（大豆、玉米等）的方法及时遮阴，荫度应为60%左右；及时浇灌，每隔3～5天需浇一次水，使土壤持水量在70%～90%范围内。茶苗成活后，若要打造一般无公害茶园，可适当施一些发酵过的稀薄人粪尿；若要打造绿色茶和有机茶园，可施经颁证的稀氨基酸液肥和经无害化处理的堆沤肥液，以提高茶苗的抗旱能力。

★**间苗补苗**：茶树以每丛2～3株为宜。如密度过大，就要留优汰劣，把长势较差的弱小苗、受冻较重的苗、紫芽叶苗等性状差异较大的茶苗拔除。如果间苗时拔除的是健壮茶苗，可留作补苗。

★**促苗养苗**：幼龄茶园虽已施过底肥和基肥，但仍须在不同时期追肥。如：幼苗出齐后，可用稀粪水追施，并经常喷施复合型叶面营养液；翌年4月下旬和6月下旬，常规茶园每亩追施尿素5～6kg，密植速成茶园追施尿素7～10kg，离根茎15cm左右开出深5cm的沟，施后盖土。

★**间作绿肥**：幼龄茶园合理间作绿肥不仅可以解决肥源问题，还可以增加土壤覆盖率，防止水土流失，护梯保坎，增加茶园生物多样性等，它也是有机农业生产重要的技术措施。在裸露严重的茶园行间套种圆叶决明和百喜草，圆叶决明用作绿肥翻埋，百喜草用作覆盖物，既能增加茶园土壤的肥力，又能提高土壤的抗蚀性。据测定：地表覆盖率达50%～70%时，地表径流减少46%～76%，泥沙流失量减少57%～78%；地表覆盖率达80%～100%时，地表径流减少70%～90%，泥沙流失量减少74%～94%。也有地区行间播种玉米等经济作物，除了可以保水，还能遮挡夏季强烈日光照射，阻挡初夏干燥的西南风对茶树幼苗的伤害，有利于茶苗的生长。

第五章

茶树定植后管理技术

第五章
茶树定植后管理技术

第一节 施肥技术

茶园施肥的目的，主要是给茶树补充所需的营养物质并改良土壤。

选择肥料对提高茶叶的产量和质量起着关键性作用。茶树生长发育需要的营养元素有碳、氢、氧、氮、磷、钾、硫、铁、铝、钙、镁等40多种，其中碳、氢、氧主要从空气和水中获取，其他营养元素则主要来自土壤。来自土壤的营养元素中，氮、磷、钾所需的量最大，因此这三种元素被称为茶叶营养三要素。由于茶树是叶用作物，三要素的需求量以氮最大。

一、肥料的选择

一是要根据茶树的生物学特性选择肥料——茶树适宜生长在土壤呈酸性的环境中。施肥会使土壤酸碱度发生明显的变化。碱性肥料或生理碱性的肥料，会使土壤酸碱度升高，若高到超出茶树生长的适宜范围，茶树的生长就会受到影响。因此，除某些土壤呈强酸性的茶园外，一般不施用碱性肥料，如液氨、硝酸钠、石灰等；应选用酸性肥料、生理酸性肥料或中性肥料，如过磷酸钙、硫酸钾、尿素等。

二是要根据茶园土壤特性选用肥料：施肥不仅是为作物提供营养，同时也是培肥土壤的一项重要农业技术措施。例如：新垦的幼龄茶园，因树冠覆盖面积小，枯枝落叶少，土壤有机质的分解速度大于积累速度，故应多施纤维素含量较高的草肥、腐熟农家肥，也可种植绿肥，适时翻入土中作肥料；土壤有机质丰富、保肥能力较强的成龄茶园，应多施含肥丰富的饼肥等；土壤质地黏重、透气性差的茶园要多施土杂肥（堆沤过的）；土壤质地粗、沙性重、透气性好的茶园，要多施用塘泥、湖泥、河泥等；土壤母质为石灰岩发育的茶园，可多选用酸性肥；以降低土壤的酸碱度；土壤酸性较重的茶园，施中性肥料或含钙质较多的肥料，以调节土壤的酸度，防止土壤继续酸化。

二、施肥时间

茶园施基肥，一般在进入秋季，茶树地上部分停止生长时结合冬耕除草施用，宜早不宜迟。这是因为，茶园使用的基肥主要是有机肥（腐熟农家肥），养分释放比较慢，早施才有利于茶树抗寒越冬及第二年春茶新梢萌发有足够的营养，从而提高茶叶的产量和质量。

三、施肥量

茶园基肥要施足，也就是量要够。因为农家肥大多是缓效的有机肥，营养元素含量低，施入足够的量才能改良土壤，满足茶树生长对养分的需求。基肥的量一般不少于全年总量的70%，绝不能让茶树“饿着肚子”过冬。施基肥时，应施入适量的磷、钾肥和饼肥。施肥量一般为：幼龄茶园每亩施入有机肥750kg以上，饼肥50～100kg，过磷酸钙25kg，硫酸钾15kg；成龄茶园每亩施入有机肥1 500～2 500kg，饼肥100～150kg，过磷酸钙25～50kg，硫酸钾15～25kg。

四、施用方法

茶园施肥要相对集中。成龄茶园施基肥应在树冠边缘垂直下方开沟，沟深20～30cm。未形成蓬面的幼龄茶园按苗穴施，施肥穴到根颈的距离不同：1～2年生茶树为5～10cm，3～4年生为10～15cm。平地茶园在一边或两边施肥；坡地茶园或梯带茶园，要在茶行上方一边施肥，以防肥料流失。

基肥要深施，因为茶树是深根植物，根系有向肥性的特点，深施可以把茶树根系引向土壤深层，扩展根系的吸收容量，以提高茶树的抗逆能力，确保茶树能安全越冬。一般成龄茶园施基肥深度为20～30cm，1～2年生茶树15～20cm，3～4年生茶树20～25cm，并要随即盖土，以防肥料挥发而降低肥效。

选用的基肥质量要好，要既能改良土壤，又能缓慢地提供茶树所需的营养物质。

总之，茶园秋冬季施基肥应根据情况，选用适宜的肥料，并遵循“一早、二深、三足、四好”的原则。

第二节　修剪技术

茶树生长过程中，顶芽生长旺盛，侧芽生长较缓慢，呈现明显的顶端优势，因此茶树修剪十分重要。良好的树冠不仅便于采摘，也是茶树优质高产的基础。

一、幼龄茶园的茶树培养与修剪

（一）幼龄茶树培养要求

1. 骨干枝粗壮，分枝层次分明，分布均匀

茶树分枝接近地面的较粗壮，数量较少，往上分枝数量逐渐增加，至采摘面时枝丫健壮而茂密。茶树树冠应呈扇形，而不是伞状。

2. 树高适中

树冠太矮不易达到所需的覆盖度和芽叶密度；树冠太高，又会降低光合作用产物和矿质养分的利用率，也不利于采摘。灌木型平面或机采茶树的树冠高度适宜控制在80cm左右；手采立体树冠则可提高到100～120cm。

3. 树冠广阔，覆盖度大

在适当控制树高的前提下，尽可能地扩大树冠覆盖面，即茶树具有宽大的采摘面。一般要求树幅在130～135cm之间，树冠覆盖度在90%左右。覆盖度过高，茶园密不透风，会降低茶叶产量和品质，茶树对病虫害和不良环境的抵抗力也较低。但树冠狭窄，覆盖度过小，会导致茶园裸露面积大，水土流失，杂草多，不仅产量低，也不利于茶叶生产的可持续发展。

4. 冠面叶层较厚

茶树叶片既是采摘的对象，又是茶树进行光合作用合成有机物供新梢生长的场所。因此，想要获得高产优质的鲜叶原料，树冠面叶层应维持一定的厚度。一般平面或机采树冠应有厚20cm左右的叶层，立体树冠应有厚40cm以上的叶层。

（二）定型修剪

定型修剪主要针对幼龄茶树树冠的培养——塑造扇形树冠。幼龄茶树若不及时定型修剪，易形成伞状树冠，茶叶产量低，也不易采摘。

定型修剪一般进行3次，具体如下：

第一次定型修剪：一般在茶树苗高30cm，离地表5cm处茎粗超过0.3cm，有1～2条分枝时进行。对于正常出圃，达到上述要求的无性系茶苗，修剪应在移栽后立即进行。对于生长情况较差或苗高仅为20cm左右的茶苗，移栽时仅打顶，第一次定型修剪推迟到次年采春茶前（经1年生长后）进行。第一次定型修剪的高度以离地面15～20cm为宜。修剪时，只剪主枝，不剪侧枝。剪口应向内侧倾斜，尽量保留外侧的腋芽，使发出的新枝向外侧倾斜，剪口要光滑，以利愈合。

第二次定型修剪：一般在第一次修剪一年后进行，修剪高度比上次提高10～15cm，即在离地25～30cm处修剪。若茶树生长旺盛，树高达到55～60cm，也可提前修剪。这次修剪，可用篱剪按修剪高度将茶树剪平。修剪时间以春茶采摘前为宜，若所生长地区土壤肥力较高、茶树长势旺盛，也可在第一批春茶打顶采摘后进行，以提高茶园的经济效益。需要指出的是，春茶打顶只采离地30cm以上的新梢，30cm以下的新梢必需保留。做不到这一点的应在春茶萌动前进行第二次定型修剪。

第三次定型修剪：在第二次定型修剪一年后进行，若茶苗生长旺盛，同样可提前。修剪高度再提高10～15cm，即离地40cm左右，用篱剪将蓬面剪平即可。生长较好的茶树和采摘名优茶的地区，可在第一批春茶采摘后进行第三次修剪，夏秋茶打顶养蓬。幼龄茶树经过三次定型修剪后，高度为55～60cm，树幅为70～80cm，树冠扩展迅速，具有合理的骨架，即可适当地留叶采摘。第5～6年即可采摘春茶，前期多采名优茶，中期提前结束采摘，在上次剪口上再提高5～10cm进行整形修剪，树冠略成弧形即可正式投产（见图5-1）。

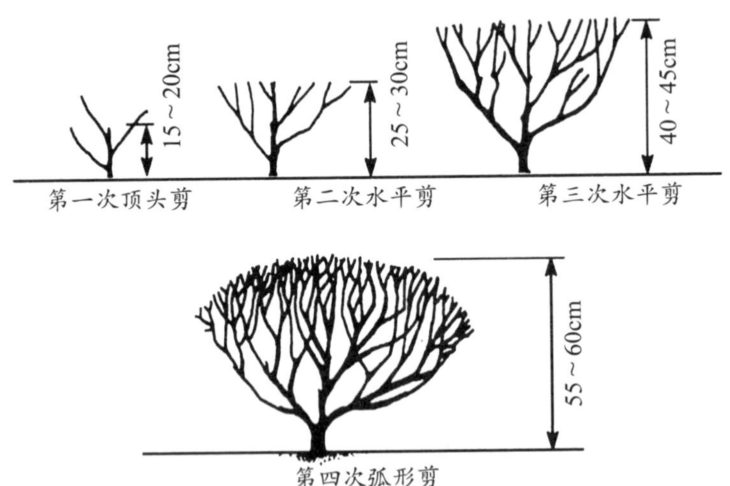

图5-1　茶树定型修剪示意图

二、成龄茶树修剪

（一）轻修剪

轻修剪是成龄采摘茶园为保持树冠平整，适当控制树高常用的修剪措施。轻修剪包括修面和修平两种方式：修面是剪去树冠表层3～5cm的枝叶；修平只剪去茶树冠面上的突出枝条，平整树冠。轻修剪多用于培养平面树冠的茶园，一般每年一次：手采茶园用篱剪或弧形修剪机将树冠剪成弧形；机采茶园使用与采茶机匹配的修剪机，以便形成适合机采的采摘面。

轻修剪最好在春末夏初和秋末进行。春茶前轻修剪对分枝较密、发芽较早品种的春芽萌动有一定的影响，对分枝较疏、发芽较迟的茶树品种影响不大。所以，从名优茶采摘的角度来看，不宜在春茶前轻修剪；但对于冬季有冻害的茶园，宜选择在春茶前30天左右进行轻修剪。

（二）深修剪

深修剪又称回剪，是一种树冠改造措施。成龄茶园经多年轻修剪和采摘后，树高增加，树冠面上会出现许多密集而细弱的“鸡爪枝”。这种枝条水分和养分运输不畅，容易枯死；而且枝条细小，育芽能力弱，发出的新梢瘦小，对夹叶多，从而致使茶树长势衰弱、茶叶产量和品质下降。这时就必须采用深修剪，剪去“鸡爪枝”，降低树冠高度，复壮树势，提高茶树育芽能力。

深修剪以剪除“鸡爪枝”为原则，一般剪去树冠表层

10～15cm的枝叶，通常在春茶或秋茶采摘结束后进行。茶树深修剪后，新形成的生产枝略有增粗，育芽能力有所增强。为控制树冠高度，深修剪应与轻修剪相配合，一般深修剪后每年或隔年轻修剪一次，轻修剪2～3年后深修剪一次。如此反复交替进行，可使采摘面较长时间保持旺盛的生长枝，延长茶树的高产优质年限。

图5-2 修剪茶树

（三）重修剪

重修剪主要用来控制树高，更新复壮树势。茶树经过多年的采摘和多次轻、深修剪，上部枝条的活力逐渐降低——发芽力不强，芽叶瘦小，对夹叶比例增多，茶叶萌发各轮次的间隔期延长，茶叶产量和品质下降。对于这类树冠，需要进行重修剪，以恢复树势。一般成龄茶园4～5年重修剪一次，只采春茶不采夏秋茶的茶园，为控制树高，需要每年重修剪一次。

重修剪应特别注意两点：一是修剪的高度，二是修剪的时间。高度是离地40～50cm，剪去地上部树冠，千万不要剪得太低，否则会影响产量。重修剪要求在春茶结束后立即进行，越早越好，对于长江中下游茶区，最迟不要迟于6月

10日。因故未能在这个时间修剪的应推迟到下年进行，或改为深修剪。对于只采春茶不采夏秋茶，培养立体树冠的茶园，春茶结束后进行重修剪，此后根据茶树长势对树冠进行整形。若茶树长势良好，重修剪后长出的新生枝条达到40cm左右，则在7月20日左右在上次剪口基础上提高20cm再进行一次修剪，然后任其生长；对于长势较弱，重修剪后长出的枝条不足30cm，或未长出小分枝的茶树，不在重修剪后再修剪。

总之，手工采摘春茶的立体树冠茶园，要求越冬时有密度较高的木质化或半木质化枝条，但枝条上的越冬芽没有萌发；如果重修剪茶园新生枝条在越冬时已有很多细小的分枝，则需要7月中下旬在原剪口基础上进行第二次修剪。高山茶区及白叶1号、黄茶等品种，7月中旬不需要整形修剪。

另外，7月中下旬的整形修剪应特别注意天气，连续高温干旱时切忌修剪，高温缓解后才能进行，如果迟于8月10日，则不要再进行整形修剪。

对于培养平面树冠的茶园，当新梢长到30cm以上，新梢基部5cm左右半木质化时，在重修剪剪口基础上提高10cm左右进行一次修剪，一般在6月底7月初进行，然后可正常采摘。对于第二年春茶机采的茶园，重修剪后任其生长，10月中下旬将离地70～80cm处剪平。

深修剪、重修剪无疑会对冬季茶园茶树造成严重创伤。茶树被剪去所有营养枝条，需要大量再抽发健壮新梢培养更新树冠，这在很大程度上依赖于根部吸收和贮藏的土壤中的营养物质，因此修剪前后需要补充营养。及时追施催芽、壮芽肥，补充茶树生长所需的营养元素，才能使新梢健壮，尽快转入旺盛生长。推荐在夏茶期茶树修剪前后一周施肥，促梢壮梢，以恢复树势，提高产量。具体做法是：树冠滴水线开15cm深小沟，均匀施入肥料，施后覆土。

第三节　除草技术

草类植物是茶园生态系统的重要一员，具有水土保持、改良土壤肥力、稳定茶园生态系统等多重生态功能，对维持茶园生产力具有重要影响。由于人工的干预，茶树属于该系统中的优势种。部分恶性杂草可能会与茶树争水争肥争光照，但大部分杂草为非恶性杂草，属于伴生种或者偶见种，在茶园生态系统中处于从属位置。非恶性杂草群落可能成为害虫取食的缓冲带，其根系分泌物能在一定程度上分解土壤矿质元素，促进土壤养分释放与土壤熟化。我们应改除草为控草，甚至养草，清除恶性杂草，保留有益杂草，维持茶园生态系统的多样性与稳定性，常规的方法包括人工与机械除草、化学除草、间套作抑草和覆盖抑草等。

一、人工与机械除草

生态栽培的茶园需要人工除草，主要通过拔除、割除、耕除等手段控制杂草。该方法简单、直接、无污染，但费时费工，用工量和成本较高。新建茶园，茶树较小，茶行间距较大，可采用效率较高的小型背负式割草机除草，日除草面积约为$0.2hm^2$。但幼龄茶园蓬面小，杂草生长迅速，割草机仅能除去杂草上部，无法破坏杂草根部，每年割草次数较成龄茶园多2～4次。目前，机械除草年成本约为6 750元/hm²，人工除草成本约为12 600元/hm²。成龄茶园封行后实际工作空间狭小，较难进行机械除草，多采用人工除草，梯壁可采用背负式割草机除草，按照人工费用120元/天，预计年除草成本为12 000元/hm²。

二、化学除草

化学除草剂有快速高效、易操作、成本低等优点，在生产实践中被广泛使用。但是，化学除草剂长期使用会带来诸多生态与环境问题。过量施用除草剂不仅会加速杂草抗药性的形成，对茶树产生药害，导致水土流失加剧，而且会造成环境毒性。

化学除草虽可在一定程度上解决人工除草成本较高的问题，但伴随的农药残留和环境污染问题不容忽视，且幼龄茶树对大部分除草剂较为敏感，需谨慎使用。截至2019年6月，我国农药登记数据库登记在册的茶园可用除草剂有6大类，分别为西玛津、扑草净、莠去津、草甘膦（草甘膦铵盐、草甘膦异丙胺盐、草甘膦钾盐）、草铵膦、灭草松等，具体见下表。

表5-1 茶园可用除草剂名单

商品名	毒性	价格（元/L）	登记数（件）	推荐用量（L/hm²）	年成本（元/hm²）	类型	防治对象	使用方法	备注
西玛津	低毒	40	2	2.25～3.75	#	选择性，内吸传导型，土壤处理剂	一年生杂草	喷于地面	西玛津的残效期较长（12个月），对某些敏感后茬作物生长有不良影响
扑草净	低毒	40	6	3.75～6.00	#	选择性，内吸传导型，土壤处理剂	阔叶杂草	喷于地面	每季最多使用1次，土壤中移动性较强，砂性强的土壤慎用
莠去津（阿特拉津）	低毒	35	19	2.70～4.50	#	选择性，内吸传导型，土壤处理剂	一年生杂草	喷于地面	每季最多施药1次，莠去津的残效期长（6个月以上），对某些后茬敏感作物生长有不良影响
草甘膦	低毒	15	21	3.75～7.50	810	灭生性，内吸传导型，茎叶处理剂	一年生、多年生杂草	茎叶喷雾	每季作物最多使用1次，本品与土壤接触立即失去活性，宜作茎叶处理
草甘膦铵盐	低毒	34	13	3.75～7.50	1 410	灭生性，内吸传导型，茎叶处理剂	一年生、多年生杂草	茎叶喷雾	与土壤接触将失去活性，宜作茎叶处理

续表

商品名	毒性	价格（元/L）	登记数（件）	推荐用量（L/hm^2）	年成本（元/hm^2）	类型	防治对象	使用方法	备注
草甘膦异丙胺盐	低毒	35	38	2.25～6.00	1 200	灭生性，内吸传导型，茎叶处理剂	一年生、多年生杂草	茎叶喷雾	每季最多使用1次，本品无土壤残留活性，对未出土杂草无防效
草甘膦钾盐	低毒	60	1	2.70～4.05	1 332	灭生性，内吸传导型，茎叶处理剂	一年生、多年生杂草	茎叶喷雾	每季最多使用1次，本品无土壤残留活性，对未出土杂草无防效
草铵膦	低毒	75	3	3.00～4.50	1 710	灭生性，触杀型，茎叶处理剂	一年生、多年生杂草	茎叶喷雾	施入农田土壤后可迅速被土壤微生物降解
灭草松	低毒	60	4	3.00～6..00	1 800	选择性，触杀型，茎叶处理剂	阔叶杂草	茎叶喷雾	每季最多使用1次，对禾本科杂草无效，茶园使用本品时注意不要把药液喷到茶叶上

三、间套作抑草

间套作抑草技术指利用生态位原理，在茶园中引种长势强、抗逆性好的植物，率先占据茶行空白生境，以极高的生长速率充满整个空间，达到抑制杂草生长的目的。覃潇敏等将豆科作物大豆引入幼龄茶园进行杂草防治，取得了良好效果。但该方法也存在不足，在幼龄茶园中种植大豆，需专人开沟与播种；大豆属于直立型作物，无法产生足够的荫蔽度，抑草效果相对较弱；大豆种植需要较大空间，因此仅能在幼龄茶园行距空间较大时种植，不适合成龄茶园的杂草防控。

茶园行间种植豆科绿肥是间作抑草的另一个重要模式。

图5-3　茶园间作大豆

有研究表明，在茶园种植白三叶草、紫花苜蓿、圆叶决明均有较好抑草效果。此外，间作豆科绿肥还能够促进茶叶产量提高、品质提升，土壤养分转化，并刺激茶树根系生长等。绿肥种子小，无需专人开沟种植，撒播种植即可。这些植物能够持续多年自繁，生长速度快，能迅速覆盖裸露地面，抑制杂草生长。它们多为蔓生匍匐类植物，草势不高，不影响茶树生长。

四、覆盖抑草

地面覆盖，一方面可使杂草种子因缺乏光照而无法萌发，杂草幼苗因无法进行光合作用而黄化枯死，进而大大降低茶园杂草的数量；另一方面覆盖物使杂草长势变弱，从而控制了杂草的生物量。目前，茶园使用较多的覆盖材料主要有两大类。一类是作物秸秆、茶树修剪物等农业废弃物，覆盖厚度达8～10cm即有降低杂草数量，附带缓冲地温和减少土壤表层水分蒸发的作用。采用茶树修剪枝条无需额外费用，就地填埋即可，有利于茶园废弃物循环利用，但茶树修剪枝木质素纤维素含量较高，分解周期较长，易成为病原菌和虫卵的冬季寄居地。另一类主要是地膜、防草布等人工合成材料。长期实践表明，黑膜能有效抑制果园、茶园、菜地等杂草的生长，且成本低廉，但地膜易破损，寿命短，难分解且易造成环境污染。我国20世纪80年代从日本引进园艺防草布（由聚丙烯、聚乙烯扁丝等高强度、耐老化材料窄条编制而成），厚度为普通地膜的数倍，具有结实耐用、牢固性好、亲水透气、保温保墒的特点，使用年限可达3～5年。

根据茶树行间距和蓬面大小，采用适宜的防草布铺设方

图5-4 覆盖抑草膜控草

法。如一年内移栽的茶园，茶树蓬面小，树底荫蔽度小，建议采用全幅防草布铺设法，待茶树长大、蓬面拓宽后，再将防草布边缘向中间翻。对于茶树蓬面大，树下荫蔽度较大茶园（荫蔽度较大，杂草不易生长），采用半幅防草布铺设法，既方便中耕施肥，也能降低铺设成本。

第六章

茶园绿肥作物种植与利用

第六章

茶园绿肥作物种植与利用

第一节　茶园绿肥作物的作用

绿肥作物指可以利用其生长过程中所产生的全部或部分鲜体，直接或间接翻压到土壤中作为肥料或通过它们与主作物的间套轮作，起到促进主作物生长、改善土壤性状等作用的作物。

茶园绿肥是指种植在茶园行间或三边（地边、梯边、坎边）作肥料用的作物。

绿肥是我国茶园生产中的重要组成部分，是有机茶园重要的有机肥源，在茶园生态系统中发挥着不可替代的作用。

一、改善茶园土壤，增加土壤肥效

间作绿肥的根系密布于茶行间，穿透土壤耕作层，并使其破碎成无数小块，有利于茶园土壤团粒结构的形成。绿肥作物的根、茎、叶腐烂后，经过降解、转化，成为土壤中的有机质。绿肥中豆科植物的根瘤菌，能够固定空气中的游离氮元素，提高土壤的含氮水平。同时，其生长过程中会分泌多种有机酸和酶类物质，可促进茶园硬土风化降解，增加土

图6-1　茶园间作绿肥实景图

壤有机层厚度，改善土壤的透气性和孔隙度，从而促进茶树生长。

二、抑蒸保墒，改善茶园水分供应

绿肥作物根系可以固定表土层，减少雨水冲刷造成的水土流失。绿肥的覆盖，可降低雨水对土壤的冲刷，减少水土流失。1～2年生幼龄茶园，茶苗幼小且覆盖度低，土壤冲刷强度大，水土流失严重。陡坡茶园、高山茶园坡度较大，一旦遇到强降雨，容易水土流失。绿肥品种多样，根系发达，吸附能力强，在茶园行间及三边种植，能很好地解决这一问题。

夏秋季节，绿肥作物的茎叶可以遮挡强光对地表的暴晒，减缓蒸腾作用，增加茶园表土层的含水量，有效降低茶园的温度，提高茶园相对湿度，减少茶树和土壤的水分蒸发，起到抗旱保湿的作用。冬季，农作物的秸秆还田覆盖，可以避免或者减轻茶苗冻害的发生。

三、调节地温，改善茶园气候环境

绿肥与茶树互作，在地表形成一层土壤与大气热交换的障碍层，既可以阻止阳光的直射，也可以减少土壤热量向大气散失，还可以有效反射长波辐射，使土壤温度年、日变化趋于缓和——具有低温时增温、高温时降温的双重效应，能有效缓解气温激变对茶树的伤害，对茶树生长十分有利。同时，这能有效防止高温或低温对茶树根系的伤害，使根系正常生长，促进茶树的生长和发育。另外，绿肥的呼吸生长和光合作用，能够改善茶园的小气候环境，使之更符合优良生态茶园的种植要求。

四、提高土壤微生物和酶活性，减轻土壤病虫害

翻压的绿肥是茶园土壤有机质的重要来源，而土壤有机

图6-2　茶园间作绿肥实景图

质又是土壤中微生物碳源和氮源，土壤中微生物的种类和数量又在一定程度上影响着土壤中酶的来源。绿肥翻压后，土壤中细菌、真菌、放线菌三大类群微生物的总量均有大幅度的增加，即翻压绿肥可以修复和改善土壤的微生态环境，为茶树生长创造良好的土壤环境。茶园间作及翻埋绿肥作物，作物根系的胞外分泌物不仅能直接增加土壤中的有关酶类，还能提供多种易为根际微生物利用的营养和能源物质，激发土壤中的磷细菌、钾细菌和其他硅酸盐细菌等微生物和相关酶类的活性，从而使得土壤中的磷、钾、镁、锌等有效元素有效转化，调节土壤营养元素平衡，增加有机质含量，使茶树生长的肥力供需更加均衡。此外，绿肥覆盖作物还能提高土壤质量，抑制田间病虫害和杂草，增加土壤中蚯蚓数量，降低茶树的发病率，减少茶园的地下病虫害。

绿肥对杂草具有明显抑制效应的主要原因有：

1. 对水分和养分，绿肥作物比杂草更具有竞争能力；

2. 绿肥作物生育期的冠层或残体阻挡光照，改变光波频率，改变表土温度；

3. 生化他感[注]作用起到了天然除草剂的功效。而绿肥作物营造对许多土传病害不利的土壤环境，并促进产生对寄主

[注] 生化他感：生物通过向环境释放或分泌化学物质而影响周围植物、动物或微生物等生物体生长发育的现象。包括植物（或微生物）与植物间，植物与昆虫、动物间的相互作用。有相生（互利）、相克（相互抑制）、自毒、偏利、偏害、寄生、中性等多种相互影响方式。已知的生化他感物质有酚类、萜类、苯酸类和香豆素类等十多种。可用于指导建立蔬菜等作物的轮作、间套作等栽培制度，防除病虫草害，减少化学农药和除草剂的使用，提高土壤肥力，克服连作障碍，或利用他感物质基因优化选育抗病虫杂草的作物新品种。

有益的微生物群体而控制病害；聚藏有益的节肢动物，有利于有益线虫繁殖，同时分泌可减少有害线虫群体化合物等，控制昆虫的危害于阈限之下。

五、改善茶叶品质，提高茶叶产量

绿肥作物可以改善农田微生态环境，为茶树创造良好的生存环境，增强茶树的抗逆性，减少茶树对化肥和农药的依赖，优化茶园产量结构，从而达到增产增收和改良品质的效果。茶园间作绿肥，有益于茶树对光的利用转化，从而促进茶树的光合作用进程，进而有利于茶树次生代谢，对茶叶内含物质的形成产生有利的影响，使茶叶的持嫩性、味道和香气等主要品质指标明显改善，从而提高茶叶品质。茶树为叶用植物，对氮素的需求量较大，氮素代谢直接影响着茶叶品质。绿肥为生态茶园氮素的主要来源，能对茶树百芽重的增重、芽叶密度的增加产生积极影响，明显提高茶园的茶叶产量，最高可提高27.6%。

六、促进农牧结合发展

茶园绿肥大多是优质的牧草，含有丰富的蛋白质、脂肪和维生素等，营养价值很高，可用作牛羊等动物的饲料。其茎叶中30%左右的养分被家畜吸收，转化为肉、奶等动物蛋白，另外70%左右养分经过家畜的消化可以转化为粪尿，提供细肥。有专家提出，将绿肥在其产草量高并且营养丰富的时候收割，用作饲料饲养家畜，其中的蛋白质及各种营养物质通过动物的消化而转化为人类能直接利用的肉、乳、蛋、皮毛等畜产品，然后再以畜粪还田，由此构成一条养分循环途径，可有效提高土地利用效率，增加农民收益，促进农牧结合发展。另外，在一些使用沼气的农村地区，茶园绿肥还可以作为沼气池的原料。而经过沼气池发酵之后，沼液又变成优良的农家肥。

第二节　茶园绿肥作物的种类及分布

一、茶园绿肥作物的种类

我国茶区广阔，茶园绿肥资源较为丰富，各地因自然环境、气候条件和茶园种类不同，所用绿肥的种类各不相同。按其栽培与生长季节，绿肥可分冬季绿肥、夏季绿肥、春季绿肥、秋季绿肥。按植物学科，习惯上将绿肥分为豆科和非豆科绿肥。豆科绿肥种类较多，非豆科绿肥主要有禾本科、十字花科、菊科等。

（一）豆科

豆科绿肥有着庞大的根系，根系穿透力强，可以疏松土壤，改善土壤环境。其根部的根瘤可固定空气中的氮素。常见的品种有紫云英、苕子、金花菜、紫花豌豆、田菁、绿豆、草木樨、柽麻、大叶猪屎豆、乌豇豆、紫穗槐、紫花苜蓿、木豆、红三叶、圆叶决明、白三叶、大豆、羽扇豆、山毛豆、黑豆、饭豆等。

（二）禾本科

禾本科绿肥的碳与氮含量比较高，根系发达，有利于增加土壤的有机质。主要包括黑麦草、燕麦草和苇状羊茅等。

（三）十字花科

十字花科绿肥具有促进磷转化的作用，适宜土壤酸性低磷的茶园种植。主要有肥田萝卜和油菜。

（四）菊科

菊科绿肥不仅有肥田功效，还能驱虫，而且部分品种还有药用价值，如艾蒿、金光菊、除虫菊、金盏菊等。

二、常见茶园绿肥作物的特性及分布

（一）紫云英（学名Astragalus sinicus L.）

别称红花草、小苕等，为一年生或越年生豆科植物。目前栽培多在北纬27°～32°，其自然分布南达北纬24.5°，多分布于长江流域各省区。该绿肥作物喜湿怕涝忌旱，适宜栽种于砂质壤土或壤黏土，pH5.5～7.5，中度肥沃及不受干旱而排水良好的地块，不宜盐土及高亢旱地。适宜的气候为1月平均温度不低于0℃，绝对最低温度不低于-12℃。在开花结籽期间，日平均温度宜为14～18℃。可在福建中部、湘南及赣南推广种植。限制其扩展的主要因素为秋冬气候干旱地区，土壤水分不足。若能灌溉并注意保苗，两广中部至秦岭淮河之间均可种植。

图6-3　紫云英

（二）苕子（学名Laguminosae）

又称大巢菜、黄藤子、马豆草、野豌豆、野菜豆、薇菜、薇、肥田草、麦豆藤、箭筈豌豆、巢菜、救荒野豌豆、垂水、蓝花草子、苕草、苕豆等，一年生或越年生豆科草本植物。适宜砂质壤土或壤黏土，pH5～8，中度肥沃而排水良好的地块。适宜的气候条件为1月平均温度不低于3℃，绝对最低温度不低于-5℃。开花期能忍受25～30℃的高温，但雨量不宜过多。一般自长江以南至广西、广东中部及四川等地均可栽种，在两广南部留种尚有问题。在纬度31°以北栽种，须选择耐寒力较强的品种。其抗寒性强于紫云英、箭豌，幼苗长江中下游地区可安全越冬，耐旱不耐渍。目前栽培较多的有三种类型：毛叶苕子、光叶苕子和普通苕子。毛叶苕子主要分布在我国北方，主要品种有土库曼毛苕、徐苕1号、徐

图6-4　苕子

苕3号、泸3-1等；光叶苕子主要分布在黄淮及长江流域，主要品种有早熟光苕、桂早苕、云光苕等；普通苕子主要分布在南方各省，尤以四川、湖北、云南、贵州、江苏、江西等省较为普遍，主要品种有嘉鱼苕、东安苕、油苕、花苕等。

（三）金花菜（学名Medicago hispida Gaertn）

原名南苜蓿，又称黄花苜蓿、刺苜蓿、草头，属豆科植物。见载于陶弘景《名医别录》。各地有野生，亦有栽培。

图6-5　金花菜

主要分布在长江中下游的江苏、浙江、上海一带，江苏苏州等地将其嫩苗作为菜蔬。主要的地方品种有顾山、温岭、余姚和东台金花菜等。喜温暖湿润气候，并适宜在冷凉的季节生长发育。最适宜中性的砂质壤土，一般旱地能供给其苗期足够的水分时，生长均好，可耐pH5.0～8.6的酸土或碱性土，能忍受含氯盐在0.2%以下的盐土，耐寒性不及紫云英而略优于苕子。在1月平均温度为2℃等温线以南地区均可广泛栽种，结实力强，在福建南部产草与产种量均高，其缺点是土壤肥沃或肥施时产量才高。在两广地区栽种，宜防秋旱及病虫害。金花菜不耐瘠，增施磷、钾肥的效果十分显著。

（四）紫花豌豆（学名Pisum sativum ssp.arvense）

别称荷兰豆、荷莲豆、金豆，耐旱、耐瘠性强于紫云英，而耐寒性同紫云英。适种的土壤pH为5～8。苗期生长快，但种子繁殖系数比上述几种冬季绿肥低。在淮河流域以及两广中部均可栽培。在华北和西北可作为春播夏收的绿肥。

图6-6　紫花豌豆

（五）田菁［学名Sesbania cannabina (Retz.) Poir.］

又名咸菁、劳豆，是一年生豆科植物，适宜pH5.5～9的沙壤土或黏土栽种。田菁适应性强，耐盐、耐涝、耐瘠，其耐盐和耐湿性为现知夏季绿肥中最强者。在我国南北各地以至西北的盐碱土地区均可栽种，为改良盐碱土最有价值的绿肥作物。其耐旱性尚好，但在南方坡地栽种生长不太好。性喜温暖、湿润，对短日照敏感，使其在黄河流域难有种子收获。种子萌发最低温度为12℃。目前，多分布于中国海南、江苏、浙江、江西、福建、广西、云南，常生于水田、水沟等潮湿低地。

图6-7　田菁

（六）紫花苜蓿（学名Medicago sativa L.）

别称紫苜蓿、苜蓿，为多年生豆科草本植物。一般作为饲料，是全国乃至世界上种植最多的牧草品种，适应性广、产量高、品质好，素有“牧草之王”的美称，寿命一般为5～10年，在年降水量250～800毫米、无霜期100天以上的地区均可种植。喜中性土壤，pH6～7.5为宜。耐旱耐寒性强，在含氯盐0.3%以下的盐土亦可生长，但不适于在酸性土壤生长，宜于淮河、秦岭以北的石灰性土壤栽培，在长江以南高温多雨环境下，夏季易发生病害，生长和结种均不良。原产于土耳其、亚美尼亚、伊朗、阿塞拜疆等地。

图6-8　紫花苜蓿

（七）黑麦草（学名Lolium perenne L.）

又名英国黑麦草、宿根黑麦草，多年生禾本科植物，是世界温带地区重要的禾本科牧草之一，原产于西南欧、北非及亚洲西南。目前在我国，该草主要分布在华中、华东及西南地区，如江苏、浙江、湖南、四川、云贵高原等地都有大面积种植，生长良好，在北方地区越冬则不良。

图6-9 黑麦草

（八）燕麦草［学名Arrhenatherum elatius (L.) Presl］

别名大蟹钓、长青草，是禾本科燕麦草属植物，原产于地中海沿岸及亚洲西部，世界各国引种栽培。中国20世纪50年代从俄罗斯、波兰等国引进，在湖南、湖北、四川、贵州等省栽培。其喜温暖湿润气候，能耐夏季炎热，也较耐寒，不耐阴，在南方温暖地区终年常绿，冬季尚可缓慢生长。燕麦草抗旱性弱，需水量较其他谷类作物多。耐旱抗碱力中等，对土壤要求不高，适生长于富含腐殖质的砂质黏土或黏土及干涸的沼泽地，不适于砂土和含氮低的土壤。

图6-10　燕麦草

（九）艾蒿（学名Artemisia argyi Levl. et Van）

又名艾，是菊科蒿属植物，多年生草本或略呈半灌木状植株，有浓烈香气。艾蒿极易繁衍生长，对气候和土壤的适应性较强，耐寒耐旱，喜温暖湿润的气候，以潮湿肥沃的土壤生长较好。人工栽培在丘陵、低中山地区，生长繁盛期气温为24～30℃，气温高于30℃时，茎杆易老化、抽枝，病虫害加重，冬季温度低于-3℃时，当年生宿根生长不好。其分布广，除极干旱与高寒地区外，几乎遍及中国，可生于低海拔至中海拔地区的荒地、路旁、河边及山坡等处，也见于森林及草原地区。

图6-11　艾蒿

（十）油菜（学名Brassica napus L.）

又叫油白菜、苦菜，是一年生或越年生十字花科作物。喜冷凉，是抗寒力较强的作物。油菜栽培遍及中国，分为冬油菜和春油菜两种，种植面积占中国油料作物总面积的40%以上，产量占中国油料总产量的30%以上，居世界首位，主要分布在安徽、河南、四川等地。目前油菜主要栽培（品种）类型为：白菜型油菜［Brassica rapa (campestris) L.］，芥菜型油菜（Brassica juncea L.），甘蓝型油菜（Brassica napus L.）

（十一）白三叶（Trifolium repens L.）

又名白车轴草、白花三叶草、白三草、车轴草、荷兰翘

图6-12　油菜

图6-13　白三叶

摇等，多年生草本植物。喜欢黏土，耐酸性土壤，也可在砂质土中生长，pH5.5～7，甚至4.5也能生长，pH6～6.5时，对根瘤形成有利。为长日照植物，不耐荫蔽，在阳光充足的地方生长繁茂，竞争力强。具有一定的耐旱性，35℃左右的高温下不会萎蔫，生长的最适温度为16～24℃。其适应性广，有一定的观赏价值，是世界各国主要栽培牧草之一。原产于欧洲和北非，在中国亚热带及暖温带地区分布较广泛。在中国西南、东南、东北等地均有野生种分布，在东北、华北、华中、西南、华南各地均有栽培种，在新疆、甘肃等地栽培，也表现较好。

第三节　茶园绿肥作物选择与栽培技术

茶叶质量安全要求高，而茶园施用有机肥存在一定风险，同时茶园的交通不便也限制了有机肥的应用规模。因此，因地制宜地在茶园里种植绿肥，即可节省成本，又能增加效益。我们应选择好适宜的绿肥作物品种，然后进行科学的栽培和管理。绿肥作物要综合茶的种类、茶园土壤肥力状况、茶区气候特性和绿肥自身特点等因素进行选择。栽培管理茶园绿肥作物必须掌握技术关键点，因为茶园绿肥作物品种多样，有不同的栽培学特点。但是，它们之间有共同点，这些共同点也正是茶园绿肥作物科学栽培关键技术的控制点。

一、如何选择茶园绿肥作物

（一）依据茶园种类挑选

亚热带红黄壤丘陵地区的茶园，土壤集酸、板、瘦、实等特性于一体，理化性能差，在开拓新茶园前，一般宜栽种绿肥作为先锋农作物改土培肥。一般选用耐酸耐瘠的高秆夏绿肥，如大叶猪屎豆、柽麻、田菁、决明、羽扇豆等。

1～2年生茶园，茶苗幼小，覆盖度低，土壤冲刷和水土流失严重，宜选用矮生匍匐型绿肥，如苕子、箭舌豌豆、伏花生等。幼龄茶园的遮光绿肥，一般采用夏季绿肥，如木豆、山毛豆、柽麻、田菁等。为了避免幼年期茶园的冷害，一般采用抗寒力强的一年生金花菜、肥田萝卜、苕子等。

3～4年生茶园，为了防止绿肥与茶树争夺水分和营养物质，应挑选矮生早熟绿肥，如乌豇豆、白三叶草、苕子和紫云英等。

刈割更新改造的老茶园，当年可以选择高秆型的绿肥，以保护茶树当年抽发的幼芽；但第二年应选择矮生型或匍匐型绿肥。春茶后深修剪的茶园，可以利用茶树还需生长的短暂时机种植速生乌豇豆。

位于山坡、丘陵地区的山地茶园或梯级茶园，为保梯护坎，可选用多年生长绿肥，如紫穗槐、铺装木蓝、知风草等。

（二）依据茶园土壤特性挑选

若茶园土壤为酸性，绿肥就应选择耐酸性的植物。我国江南茶区，如浙江、江西、湖南等茶区，广西的低丘红壤地区，土壤酸性高，土层黏重，土壤有机质低，夏季绿肥可先种大叶猪屎豆和满圆花（肥田萝卜），之后逐渐向其他绿肥过渡。

（三）依据茶区气候特性挑选

我国茶区可分为华南茶区、江南茶区、江北茶区和西南茶区四个茶区，跨越暖温带、北亚热带、中亚热带、南亚热带、边缘热带和中热带六个气候带。茶区气候条件千差万别，故茶园绿肥须依据各地的气候特点挑选。例如，华南茶区属热带和南亚热带季风气候，除闽北、粤北和桂北等少数地区外，年平均气温为19～20℃，茶年生长期在10个月以上，年降水量是中国茶区之最，因而保土、防晒、防高温是茶园管理的主要任务，耐高温的爬地木兰、木豆、毛蔓豆、蝴蝶豆、白花灰叶豆、印度虹豆、大绿豆、柱花草、无刺含羞草和象草等是首选绿肥；江北茶区由于冬季平均气温低，茶树冻害较严重，茶园土壤层较干旱，因而越冬防冻保苗成为茶园管理的主要任务，可选择抗寒能力强的毛叶苕子、扁豆、肥田萝卜和绛三叶草。坎边绿肥铺装木蓝、木豆、山毛豆等一般只在广东、福建、台湾等地栽种。紫穗槐和草木樨等绿肥由于具备一定的耐寒能力，可作为江北茶区护堤保坎的绿肥。西北高原地区茶园，因为春冬湿冷少雨，冬季绿肥最好选用毛叶苕子和满圆花，夏季绿肥宜采用大叶猪屎豆和柽麻。

（四）依据绿肥作物品种特性进行选择

如高秆深根类绿肥作物，适宜在干旱、高温地区幼龄茶园间作，也可作为茶园种茶前的先锋作物。匍匐型的绿肥作物，可作幼龄茶园生草和坡地茶园固土栽培。紫云英耐旱耐瘠能力不强，只能在水肥条件较好的茶园中种植。箭筈豌豆抗旱抗瘠能力强，紫云英不能生长的茶园，它却能正常生长。有些绿肥作物既可春播也可秋播，如豌豆、苕子等。有些绿肥作物既可一年生、越年生，又可多年生，如三叶草、爬地木兰等。

二、茶园绿肥作物栽培技术

茶园绿肥作物种类繁多，因此栽培管理技术也有差异，但栽培管理的关键控制点是一致的。在茶园间作绿肥有许多好处，但栽培不当，绿肥会与茶树争肥、争水、争光等，不仅无法起到应有的作用，相反，还会妨碍茶树生长。因此，在茶园间作绿肥，除合理选择品种外，还需科学栽培、精心管理。

（一）妥善处理种子，提高种子萌发率

处理绿肥作物种子的方法很多，主要有以下几种。

1. 机械处理法：对于因种皮坚硬厚实、透气性差而休眠的种子，可进行高温干燥处理，使种皮龟裂而变得疏松多缝，从而改善种皮内外气体交换条件，达到解除种子休眠的目的。对于因种皮角质硬实造成吸水困难而休眠的种子，可用机械破损法，如让沙子与种子摩擦，人工划伤种皮或机械去除种皮等，来打破休眠、促进萌发。但采用机械法去壳破皮时动作要轻，切勿伤及种子胚芽。

2. 清水浸泡：即在下种前种子先用常温水浸泡一段时

间，种子发胀后及时下种。这对一般的硬实率不高的绿肥作物种子是十分有效的，但对硬实率高和种子皮蜡质层坚硬的种子效果不佳。

3. 温水浸泡：即在下种前，先用40～50℃的温水浸泡种子，当大部分种子皮层吸收水分，失去光泽并出现皱纹后捞出，放置常温下风干2～3小时，未发皱的种子选出来再用温水浸泡，已吸胀的种子先下种，第二次浸泡后吸胀的种子后下种，分批播种。

4. 用热水浸种：即用温度为80～90℃的热水浸泡种子数分钟后，再把种子转移到常温的水中浸泡，使它吸胀后再下种。这对硬实率高而种皮坚硬的绿肥种子有良好效果。

5. 采用激素和生长素处理：有许多激素和生长素对绿肥作物种子也有打破休眠的作用，如吲哚乙酸、吲哚丁酸、赤霉素、芸苔素内酯及一些发酵液等，不仅能促进植物生长，也能激活种子发芽过程中的酶的活性，能促进种子萌发。但是，不同绿肥作物的种子对不同激素和生长素的反应是不同的；就是同一种绿肥作物的种子，对同一种激素或生长素的不同浓度溶液的反应也有很大的差异，有的高浓度的有可能会起抑制作用，低浓度的有可能起促进作用，有的却相反，要进行试验后才能应用。目前，这种方法在生产中应用的实例还不多，还需要更多的试验。

6. 采用化学药剂处理：硫酸、盐酸、碱类等无机酸、碱、盐等化学药剂可腐蚀种皮，改善种皮的通透性，达到打破种子休眠和促进发芽的效果。

需要注意的是，用水浸泡、变温处理及用激素或者化学药剂处理过的种子须在12小时内下种，不能长时间搁置，否则种子会失去发芽能力。

（二）接种根瘤菌

在新垦茶园或换种改植茶园土壤中，与各种豆科绿肥共生的根瘤菌很少，因此茶园间作产量不高，质量也较差。因此在茶园间作豆科绿肥，最好能接种相应的根瘤菌。另外，多数红壤茶园土壤中微量元素钼含量低，导致绿肥根瘤菌发育不良，固氮能力弱，若在接种根瘤菌时混配钼肥，可大大提高绿肥固氮能力。

（三）施基肥

以磷肥、钾肥为主，另有少量氮肥。一般每667m^{2}施钙镁磷肥或过磷酸钙10～20kg，硫酸钾5.0～10kg，尿素3～5kg；亦可施复合肥10～15kg或有机肥100～200kg，于整地前或后施入。基肥宜施入沟下10～15cm。

（四）适时播种

这是使茶园绿肥高产优质的重要环节。我国大部分茶区冬季少雨而气温较低，冬季绿肥如果播种太晚，越冬前绿肥苗太小，根系又浅，抗旱、抗寒能力弱，影响苗期成活率，从而影响产量。因此，在适宜的播种期内，要力争早播种。

（五）合理密植

合理密植绿肥作物，才能既不妨碍茶树生长，又有利于提高绿肥的产量。若间作密度过大，绿肥产量较高，会影响茶树的生长；反之，若间作太稀，则不能充分利用行间空隙，绿肥产量低，改土效果受影响。冬季由于茶树与绿肥之间矛盾少，可适当密播。若用油菜、肥田萝卜、紫云英等混播或豌豆、肥田萝卜、黄花苜蓿等混播，绿肥之间可以取长补短，互相依存，有利抗寒和抗旱，提高产量。

（六）苗期及时除草

茶园绿肥作物苗期因气温稍低，生长相对缓慢，且有一定时间的蹲苗期，易被杂草淹没。因此，苗期要适时除草，做到“除早、除小、除了”，以保证全苗、齐苗和壮苗。蹲苗期过后，绿肥作物生长快，会对茶园杂草起到抑制作用。

（七）及时刈青

各种绿肥，尤其是夏季绿肥中的高秆绿肥，株体高大，后期生长迅速，吸收能力强，常会妨碍茶树正常生长。为充分提高绿肥的土壤培肥效果，一般要求在绿肥尚未完全成熟时刈割，如冬季绿肥在盛花期；速生早熟夏季绿肥速生饭豆、乌豇豆等在上花下荚期；高秆夏季绿肥，由于生长期长，可以多次刈青。为避免影响茶树生长，茶园内间作的绿肥不宜留种。

三、几种茶园常用绿肥作物的关键特性与栽培技术要点

（一）紫云英

它是主要的冬季绿肥作物，也可作家畜饲料，在长江以南各省广泛种植，近年来，有北移趋势。紫云英主根直立粗大，圆锥形，侧根发达，根瘤较多。植株高60～100cm。紫

云英喜温暖，种子发芽的适宜温度为15～25℃。其生长规律是冬长根、春长苗，冬前生长慢。紫云英喜湿润，适宜在田间持水量75%左右的土壤中生长。适宜的土壤pH为5.5～7.5。栽培方式为茶园套种或与肥田萝卜、麦类、油菜、蚕豆等混种，或在旱地单种。其栽培要点如下：

种子处理：选用当年收获的种子，播种前要晒种，擦种（将种子与细砂按2∶1拌匀，然后放在石臼中捣10～15分钟，至种子“起毛”而不破裂）。用30%～40%腐熟人粪尿浸种后晾干，然后接种根瘤菌（对新种植区尤其重要）。

紫云英喜湿怕涝忌旱，因此要开好排水沟，要因地制宜，适时早播：各地播种期不同，以9月中上旬至10月下旬为宜。每亩播种1.5～2.5kg。

建议以小肥养大肥，以磷增氮：酸性茶园土壤中有效磷含量甚低，施用磷肥后可使绿肥产量明显增加（亩施过磷酸钙15kg）。

（二）苕子

苕子品种很多，特性各有不同。茶园间作苕子，要选适合当地种植的品种。在江北茶区，尤其是高山高寒地区，低温、冬春干旱的茶园，应选用抗寒抗旱性强的毛叶苕；平原地区可选用光叶苕；南方茶区气候温和，茶叶萌芽早，生长时间紧张，可选用蓝花苕、油苕及早熟苕子等。

种子处理：苕子的种子也有硬实性，其中光叶苕的种子的硬实度最高。为了促进种子萌发，播种前要擦、浸等处理。土壤墒情好的，可以用温水浸种；墒情不好的，擦种后直接播种。冬旱较严重的，秋冬前播种，利用自然变温提高种子的吸收能力。

播种时间：苕子生长期长，要想让苕子高产，要适当早播种，增长它的生长时间。早播有利于齐苗和全苗，也有利于与茶园农事对接。江北茶区一般9月下旬为适播期，长江中下游广大茶区在10月上旬播种更为有利。

施肥：施磷肥，以磷增氮。苕子很耐瘠，对磷肥十分敏感。茶园土壤酸性强，有效磷含量低，若每亩施过磷酸钙15～20kg，一般可增产20%～40%。

（三）田菁（Sesbania cannabina Pers.）

喜温暖湿润气候，种子萌发最低温为12℃，田菁耐涝能力强，从形成3～4片真叶时开始，就可在淹水自然环境中生长发育。

栽种：栽种前需擦种或温水（60℃的水）浸泡，待水冷却后捞起来晾晒之后栽种。田菁的播种期较宽，3月上中旬至6月均可，播种量为1亩3～4kg。栽种深度不超出3cm。

（四）黑麦草

黑麦草为越年生禾本科植物，在我国长江中下游和中原地区广泛种植。叶细长，长10～30cm，宽2～3mm，根深约100mm，根幅为50cm左右。分蘖力强，在栽培条件下有效分蘖数高达60%～90%。返青拔节后，株高达70～100cm。茎中空有节，一般秋播节数可达4～11个。花为穗状花序，穗长15～30cm，抽穗后约15天开花，花期10天左右。种子外有芒壳，内颖外有深刻的锯齿，种子千粒重1.5～2g，全年生长期秋播的长达250天左右。

黑麦草是比较喜温的植物，但耐冻能力较强，5℃时发芽较困难，平均气温13℃时播种发芽较良好。幼苗在8℃以下生长缓慢，5℃以下停止生长，在-5～-10℃时，叶尖会出现冻害，但在-16℃时仍可以安全越冬。

播种时间：黑麦草不像豆科绿肥作物，没有硬粒种子，种子种皮薄，吸水快，不用作擦种浸种等处理，可直接下种。在长江中下游广大茶区，一般9月下旬播种较为合适，否则随播种时间的推迟，产量会逐步下降。江南部分茶区可迟播，江北茶区应早播。春播也能生长，但产量低，一般只有秋播的1/3到1/2。

施肥：黑麦草对氮肥很敏感，播种前要施足有机肥作底肥，入冬时要施足保苗肥，主要施焦泥灰或草木灰，增加钾素，提高其抗寒越冬的能力。返青时要施返青肥，主要施含氮量高的复合肥。

蹲苗管理：黑麦草春化阶段需要蹲苗，目的是促进地下部分生长和增强春化阶段的生化效果。如果气温高，需要入冬前在麦苗下轻轻踩压，抑制地上部分生长，防止长势过旺导致入冬后受冻，影响春化阶段的顺利生长。

（五）白三叶

白三叶为多年生草本植物，叶呈三出掌状复叶，倒卵形，叶柄细长直立，叶中央有“V”形白斑。茎长30～50cm，实心光滑，每节有不定根着土，匍匐生长。根为细短主根系，侧根发达，主要分布在0～15cm深土层内。叶腋长有花梗，梗端形成总状花序。花较小，约有20～80朵小花形成小球，为白色或淡红色。荚果细长，每荚有3～5粒种子。种子黄色，心脏形，千粒重为0.5～0.7g，硬实率为20%～40%。

白三叶原产于欧洲，喜温凉气候，最适生长的温度为20～25℃，高温和低温对它的生长都会产生不良影响；较耐阴凉，在降水量700～1 500mm的地方都能生长。

白三叶对土壤的要求不高，pH4.5左右的强酸性土也能生长，特别适宜夏天阴凉湿润的南方高山地区种植。它能以种子自行繁衍，是江北茶区和江南茶区荒山绿化、护梯、保坎的优良植物。

种子处理：可先用比例1∶1的细沙和中沙擦种，再用温水浸种数小时，最后用根瘤菌剂接种。根瘤菌专一性强，并非所有三叶草根瘤菌都能对白三叶进行侵染，最好用白三叶草根粉接种。白三叶种子细小，容易落到土壤缝隙的深处，而小苗顶土能力差，因此播种前必须把土壤耙平耙细。

播种时间：白三叶可春播，也可秋播。在幼龄茶园栽培时，以春播为好。小苗出土后，蹲苗时间长，需30～40天，这时最易受杂草危害，要及时除草，防止蚜虫及地老虎等危害。

施肥：在耙土播种前，先施用磷酸钙做底肥，每亩20～30kg，深度为15～20cm。苗期可适当增施稀粪水或15%的尿素溶液，促进小苗生长。白三叶分枝以后就能进入生长旺期，不需太多管理，栽培比较简单。

第四节　茶园绿肥作物的利用

（一）用作家禽饲料

特别是豆科绿肥作物，所含营养物质的水分较多，不但是高品质的肥料，并且是高品质的精饲料。可青饲、青储或调配成干草，用于喂养牲畜，若再利用牲畜排泄物肥田，就大大提升了绿肥的利用率，也有利于解决禽畜和人争地的矛盾。茶园绿肥中除极少数种类如有害的大叶猪屎豆、异味重的决明豆等外，绝大多数能做精饲料，如红三叶草、白三叶草、紫云英、肥田白萝卜等，均可作为牛羊的高品质精饲料。但必须留意的是，豆科绿肥青储饲料不能一次用很多来喂养牛羊，应与其他非豆科青储饲料或秸秆配合喂养，不然会使羊牛患瘤胃鼓气病。

（二）作为改良土壤的先锋农作物

茶树是多年生常绿植物，对土壤有机质的要求很高。对于新垦茶园，要求深耕地下土层——60～80cm。若将荒地或杂林地开垦成茶园，会因为深挖，土壤变得疏松，其通气条件得以改善，有利于细菌生长繁殖，从而大大加速原土层中有机质的分解速度。假如马上种茶苗，茶苗幼小，落叶量少，土壤中有机质的分解速度远大于积累速度，因而有机质含量会呈减少趋势，不利于茶树生长，故必须栽种一两年绿肥，作为先锋农作物，以改良土壤。而改植其他品种茶树的老茶园，多年来一直栽种茶树，而茶根分泌物和茶树枯枝叶中有含量较大的茶氨酸类化合物，对微生物菌种有一定的抑制效果，导致土壤环境要素和微生物菌种构成不利于茶树生长发育，因此老茶园改植换种也要先种植一两年绿肥，以改良土壤。

（三）立即压青，作为茶园底肥

茶园绿肥作物直接翻埋入土作为茶树肥料是普遍的做法，在茶园行间开沟，就地翻埋绿肥作物，简单易行，省工省事。行间直接翻埋可以利用绿肥作物茎叶中的水分提高土壤持水率，改善土壤墒情；而且绿肥作物腐烂后的所有物质都保留在土壤中，避免了绿肥养分的损失，利用率高，效果也较好。

（四）用于沤肥

茶园绿肥作物除了作埋青、覆盖之用外，也常用作堆沤肥原料。经过堆沤发酵之后，绿肥作物的养分被释放，由迟效肥变为速效肥，既可做基肥，也可做追肥。目前的有机茶园，缺乏有机的速效肥，特别是含氮较高的有机肥。绿肥作物经过堆沤之后，作为茶树生长期间的追肥施用，可解决有机茶园施用追肥的难题——有机茶园不能施用速效化肥。用绿肥作物堆沤肥，比用畜禽粪便堆沤肥更卫生、安全，而且养分含量充分，所以施用效果好。

（五）作为茶园的覆盖层

将茶园绿肥刈青后盖在茶园路面上，能够提升土壤的含水量，减少土壤侵蚀，防寒防冻，另外，绿肥分解后也为土壤补充营养物质。

第七章

茶树主要病虫害防治技术

第七章
茶树主要病虫害防治技术

第一节　防治原则及方法

一、防治原则

遵循“预防为主，综合治理”方针，从整个茶园生态系统出发，综合运用各种防治措施，创造不利于有害生物孳生繁衍的环境条件，保持茶园生态的平衡和生物的多样性，将有害生物控制在允许的范围以内，将农药残留降低到规定标准的范围内。

茶树病虫害的防治不能局限于单一的病虫害防治，而应从全局角度考虑，分析茶树在生长过程中可能出现的病虫害危害类型，制定综合性的防治措施，积极利用农业、生物、化学等病虫害防治技术，提高防治效果。

茶树种植的目的在于获取经济效益，所以在提高茶树的产茶量和茶叶品质的同时，还应该考虑茶树病虫害防治的成本，尽量采取低成本、高效率的病虫害防治技术，提倡多用生物防治，合理使用化学防治，提高用药的合理性。

茶树病虫害的防治不应以牺牲生态环境为代价，应该注意对茶园生态系统的维护，避免病虫害防治对生态环境、人员、有益生物等造成危害，实现茶树病虫害防治的生态性。

二、主要防治措施

（一）农业防治技术

所谓农业防治技术，是指从茶园选址、茶树品种选育和茶园管理等方面入手，改善茶树的生存环境，以此降低病虫害的发生概率和危害性。具体来说：尽可能选择开荒种茶，降低土壤中的虫卵、病菌对茶树造成的影响；优育植株，选择强壮、抗病性好的茶树个体进行栽培；加强对茶园的日常管理，注意除草、施肥、修剪等，消除利于病虫害发生的生态环境，起到预防病虫害发生的作用。

（二）生物防治技术

茶树病虫害的发生多因致病原大量繁殖，在茶园的生态体系中，各类致病原都有对应的天敌，可通过培养致病原天敌的方式实现病虫害的有效防治，这是生物防治技术的核心。在生物防治的过程中，要对茶园的生态系统进行分析，找出主要的致病原及其对应的天敌。天敌并不局限于同一生物类型，可以是虫类，也可以是细菌、真菌，甚至病毒。进行茶园环境的改造，营造适宜天敌繁衍的环境，促进天敌快速繁衍，以抑制致病原繁衍。

（三）化学防治技术

该技术是当前最为常用的病虫害防治技术，化学药剂具有见效快、歼灭性强的特点。但是，该技术如果使用不当，会对茶园的生态环境和茶叶的品质造成影响。所以，从可持续发展的角度考虑，应该逐步减少该技术的使用；若需要使用该技术，应该进行科学分析，确定化学药剂的使用量和使用频率，尽量将化学药剂带来的生态影响降低。

第二节　茶树主要病虫害及其防治

一、主要病害及其防治

（一）茶饼病及其防治

又称叶肿病、疱状叶枯病。主要危害嫩叶，初为淡黄色或红棕色半透明小点，后渐扩大并下陷，形成淡黄褐色或紫红色圆形病斑，叶背病斑呈饼状突起，伴生灰白色粉状物；最后病斑变为黑褐色溃疡状。偶尔也有在叶正面呈饼状突起的病

图7-1　茶饼病

斑，叶背面下陷。叶柄及嫩梢受害，膨肿并扭曲，严重时，病部以上新梢枯死。花蕾及幼果偶尔发病。

发病规律：该病属于低温高湿型病害，一般在春茶期和秋茶期发病较重，夏季高温干旱时较少；丘陵、平地的郁蔽茶园，多雨湿润情况下发病重；多雾的高山、高湿凹地及露水不易干燥的茶园发病早且重；茶园通风不良、密闭高湿的发病重。

防治建议：

1. 加强检疫；勤除杂草，清除遮阴树木，适当修剪茶树，促进通风透光，抑制发病；适当增施磷、钾肥，以增强茶树的抗病力；及时采茶，清除病原，减少病害；冬季或早春及夏季结合茶园管理摘除病叶，可有效减少病菌基数。

2. 冬季清园时可选用0.6%～0.7%石灰半量式波尔多液，或0.2%～0.5%硫酸铜液等进行防治。

（二）炭疽病及其防治

主要为害成叶，嫩叶和老叶发病较少。病斑多从叶缘或叶尖产生，水渍状，暗绿色圆形；后渐渐扩大成不规则的大型病斑，黄褐色或淡褐色；最后变灰白色，上面散生小形黑色粒点。病斑上无轮纹，病斑部分薄而脆，边缘有黄褐色隆起线，病健分界明显。

发病规律：茶炭疽病病菌潜育期较长，一般在嫩叶期入侵，成叶期才有症状。湿度是影响茶炭疽病发生的重要气候因素，春夏之交及秋季雨水较多的时节，茶炭疽病发生较多。

防治建议：

1. 选用抗病品种，加强茶园栽培管理；增施有机肥，适量加肥，避免单一施用氮肥；雨季加强防涝排水；及时清理病叶。

2. 发病初期，可用50%苯菌灵可湿性粉剂1 500倍液，或75%百菌清可湿性粉剂800～1 000倍液，又或50%多菌灵可湿性粉剂800～1 000倍液喷雾进行防治。

图7-2　炭疽病

（三）茶轮斑病及其防治

主要为害叶片和新梢，嫩叶、成叶、老叶均可能发病。从叶尖、叶缘开始发病，初呈黄绿色小病斑；后扩展为圆形、椭圆形或不规则状褐色大病斑，成叶和老叶上的病斑有明显的同心轮纹，嫩叶上的病斑没有轮纹；后期病斑中间变成灰白色，湿度大地区的叶片出现呈轮纹状排列的黑色小粒点。病斑多时常相互融合，致叶片大部分布满褐色枯斑。严重时叶片大量脱落。

发病规律：茶轮斑病病原菌为弱寄生菌，病原孢子主要从叶片的伤口处（如采摘、修剪、虫害部位）入侵，对无伤

图7-3　茶轮斑病

口的叶片无致病力。高温高湿易引起该病发生，一般夏秋两季发生较重。

防治建议：

1. 选用抗病或耐病品种；加强茶园管理，防止捋采或强采，减少伤口；机采、修剪时发现害虫后及时喷洒杀菌剂和杀虫剂，预防病菌入侵；雨后及时排水，防止湿气滞留，可减少病害。

2. 采茶后或发病初期及时喷洒50%多菌灵可湿性粉剂1 500倍液，或75%百菌清可湿性粉剂600倍液，又或36%甲基硫菌灵悬浮剂700倍液，隔7～14天喷洒1次，连续喷洒2～3次。

（四）地衣和苔藓及其防治

主要发生在阴湿衰老的茶园，长在茶树枝干上。地衣是一种叶状体，青灰色，据外观可分为叶状地衣、壳状地衣、枝状地衣三种。叶状地衣扁平，形状似叶片，平铺在枝干的表面，有的边缘反卷。壳状地衣为一种形状不同的深褐色假根状体，紧紧贴在茶树枝干皮上，难以剥离。枝状地衣叶状体下垂如丝或直立，分枝呈树枝状。苔藓是一种黄绿色青苔状或毛发状物。

图7-4　地衣和苔藓

发病规律：地衣、苔藓在早春气温升高至10℃时开始生长，其孢子靠风传播蔓延，一般在五六月温暖潮湿的季节生长最盛，进入高温炎热的夏季生长缓慢，秋季气温下降时又复扩展，直至冬季生长才停滞下来。

防治建议：

1. 加强茶园管理，及时清除茶园杂草，雨后及时开沟排水，防止湿气滞留；科学疏枝，清理丛脚；改善茶园小气候。

2. 施用酵素菌沤制的堆肥或腐熟有机肥，合理采摘茶叶，使茶树生长旺盛，提高抗病力。

3. 喷洒1：1：100倍式波尔多液或12%绿乳铜乳油600倍液。

4. 草木灰浸出液煮沸以后进行浓缩，涂抹在地衣或苔藓病部，防效好。

（五）茶云纹叶枯病及其防治

老叶和成叶发病，病斑多位于叶缘或叶尖，初为黄褐色水浸状，半圆形或不规则状；后变褐色，再一周后由中央向外渐变灰白色，边缘黄绿色，形成深浅褐色、灰白色相间的不规则病斑，并生有波状或云纹状轮纹；后期病斑上生灰黑色扁平圆形小粒点，沿轮纹排列。

图7-5　茶云纹叶枯

发病规律：病菌以菌丝体、分生孢子盘或子囊壳形式在树上病叶或土表落叶中越冬，翌春在潮湿条件下形成分生孢子，靠雨水和露滴由上往下传播。病菌孢子萌发侵入茶树叶片后5～18天形成新病斑。全年除冬季外，可能多次重复侵染，以6月和8月下旬至9月上旬发生最多。树势衰弱、幼龄和台刈后的茶园，以及遭日灼的叶片易于发病。大叶型品种易感病。

防治建议：

1. 建茶园时选择适宜的地形、地势和土壤。

2. 因地制宜选用抗病品种。

3. 施用酵素菌沤制的堆肥、生物活性有机肥或茶树专用肥提高茶树抗病力。

4. 加强茶园管理，做好防冻、抗旱和治虫工作，及时清除园中杂草；非采摘茶园可喷洒0.6%～0.7%石灰半量式波尔多液。

（六）茶树日灼病及其防治

茶树日灼病是一种生理性病害，在夏季、南方秋季高温干旱时节发生较多。

发病规律：一般发生在茶树轻修剪或深修剪后，遇强阳光或高温时，留茶茶蓬表面的叶片常会迅速变色而出现日灼症状。夏季阳光直射强烈、温度高时发病迅速。

图7-6　茶树日灼病

防治建议：

1. 避免在高温季节进行茶树修剪作业。

2. 在强阳光和高温等易发生日灼病时，搭盖树枝或遮阳网给茶树遮阴。

（七）茶白星病及其防治

嫩叶染病，初生针尖大小褐色小点，后逐渐扩展成直径

0.3～1mm大小的灰白色圆斑，中间凹陷，边缘有暗褐色或紫褐色隆起线。湿度大时，病部散生黑色小点，病叶上病斑数达几十个至数百个，有的相互融合，形成不规则大斑，导致叶片变形或卷曲。叶脉染病，叶片扭曲或畸形。也侵染嫩茎。

发病规律：病菌以菌丝体、分生孢子盘形式在病叶或病茎中越冬。该病属低温高湿型病害，气温16～24℃，相对湿度高于80%时易发病；气温高于25℃则不利于其发生。每年主要在春、秋两季发病，5月是发病高峰期。高山茶园、缺肥贫瘠茶园及偏施过施氮肥的茶园易发病，采摘过度、衰弱的茶树易发病。

防治建议：

1. 分批、及时采茶可减少该病侵染，减轻发病。

2. 提倡施用酵素菌沤制的堆肥，增施复混肥，增强树势，提高抗病力。

3. 冬季清园或非采摘茶园采用0.6%～0.7%石灰半量式波尔多液进行防治。

（八）茶圆赤星病及其防治

主要为害嫩叶、嫩梢、成叶，老叶上也偶有发生。发病初期，叶面有红褐色小点；后逐渐扩大成圆形小斑，中央稍凹陷，边缘有暗褐色隆起线，病健交界明显，病斑直径0.8～1.2mm；后期病部中央散生黑色小粒点，在高湿条件下其上长出灰色霉点。叶上病斑少则几个，多则几十甚至百个，相互融合可形成不规则大斑。

发病规律：病菌以菌丝体形成的子座在病叶组织中越

冬。次春分生孢子，在适宜气候条件下借风雨传播，侵染新叶引起病害，以后多次再侵染，造成病害流行。此病属低温高湿型病害，整茶树下部叶较上部叶病害发生多，幼龄树较成龄、老龄树发生多，日照短、湿雾大的茶园，生长土层浅、衰弱的茶树或过于柔嫩的叶片发病重。

防治建议：

1. 加强茶园栽培管理。

2. 化学药剂防治对该病具有重要作用，要重视早治。重病区在惊蛰后春茶萌动期喷第一次药，必要时7～10天后喷第二次，之后根据病情决定喷药次数。可先用铜制剂，后用有机杀菌剂。铜制剂可选用0.6%～0.7%石灰半量式波尔多液。

图7-7　茶藻斑病

（九）茶藻斑病及其防治

发生于老叶初生黄褐色针头大的圆形小点，后向四周放射状扩展成圆形或近圆形病斑，灰绿色或黄褐色，病斑上可见细条状毛毡状物；后期稍隆起，变暗褐色，边缘不整齐，表面平滑，有纤维状纹理。

发病规律：茶藻斑病是由绿藻引起的病害，绿藻靠营养体在病叶上越冬，次年春季潮湿时产生游动孢子，通过风雨传播，侵入叶片，在表皮细胞和角质层之间蔓延。病原藻喜高湿，但寄生性弱，多寄生在衰弱的茶树上。

防治建议：

1. 注意开沟排水，及时疏除徒长枝和病枝，改善茶园通风透光条件；适当增施磷、钾肥，提高茶树抗病力。

2. 早春或晚秋发病初期喷洒0.6%～0.7%石灰半量式波尔多液，或0.5%的硫酸铜稀释液，或30%碱式硫酸铜（绿得保）悬浮剂400倍液，或12%松脂酸铜（绿乳铜）乳油600倍液。

（十）菟丝子及其防治

其黄色或橙色的细茎生长并缠绕在茶树枝上，茎的上部飘荡在空中，遇到茶树茎部便缠绕其上，伴随茶树生长而不断伸长，一般于夏末、秋初开花，秋季结实，其生长所需全部营养均来自茶树体内。被缠绕的茶树生长势减弱，叶片发黄，茶芽稀少瘦弱，严重时枝梢枯死。

发病规律：4月上中旬开始发生，8～10月秋雨时节为发病盛期。菟丝子秋末开花，10月种子成熟掉落于土中越冬，翌年温度适宜时发芽，种胚的两端长出菟丝，寄生在植物上，与寄主植物的导管和筛管相通，摄取嫩梢中的水分和养分，不断缠绕为害寄主。茶树树冠表面若遍布藤蔓，茶树枝叶就无法正常伸展，加之藤蔓会摄取茶树养料，导致茶树叶片枯黄脱落，枝梢枯死。

防治建议：

人工防除：待菟丝子种子成熟后，结合翻耕，将种子埋入8～10cm深的土中，使之丧失萌发能力。对于已长有菟丝子的茶园，也要结合中耕除草进行深翻根除。由于菟丝子的断茎具有发育成新株的能力，所以，剪下的藤蔓应带出茶园烧毁。对于菟丝子发生严重的茶园，可在菟丝子萌发和生长期拔除幼苗和植株。

二、主要虫害及其防治

（一）茶尺蠖及其防治

属鳞翅目尺蠖蛾科，是茶园尺蛴类中发生最普遍、为害最严重的种类之一。幼虫体表较光滑，腹部只有第6腹节和臀节上具足，爬行时体躯一屈一伸，俗称拱背虫、量尺虫、造桥虫等。喜栖叶片边缘，咬食嫩叶边缘呈网状半透膜斑；后期幼虫常将叶片咬食成较大而光滑的“C”形缺刻。已知的种类有：茶灰尺蠖、大鸢尺蠖、油桐尺蠖、茶用克尺蠖、灰尺蠖、茶银尺蠖等。

图7-8　茶尺蠖

害虫习性：以蛹在树冠下表土内越冬。翌年3月中上旬成虫羽化产卵，4

月初第一代幼虫始发，为害春茶。第二代幼虫于5月下旬6月上旬发生，以后约每隔一月发生一代，10月后以老熟幼虫陆续入土化蛹越冬。越冬蛹羽化进度不一，发生代数多，不整齐。

防治措施：

1. 深耕灭蛹：秋冬季深耕施基肥进行灭蛹，清除树冠下表土中的蛹，减少虫源。

2. 放鸡啄虫：利用鸡清除幼虫。

3. 茶尺蠖人工捕杀：利用幼虫受惊后吐丝下垂的习性人工捕杀。

4. 药剂防治：该虫1、2代发生较整齐，3代有世代重叠现象，生产上消灭3代前的茶尺蠖，对控制全年为害具重要作用，因此要重视7～8月防治。该虫喜在清晨和傍晚取食，最好安排在4～9时及15～20时喷洒杀虫药剂。

5. 生物防治：对1、2、5、6代茶尺蠖，提倡施用茶尺蠖核型多角体病毒进行生物防治。

（二）茶毛虫及其防治

为鳞翅目毒蛾科黄毒蛾属的一种昆虫。中国各产茶省均有分布，是中国茶区的一种主要害虫。主要为害茶叶，也为害油茶、柑橘等。幼龄幼虫咬食茶树老叶，留上表皮呈半透明黄绿色薄膜状，以后咬食嫩梢成叶成缺刻。幼虫群集为害，常数十至数百只聚集在叶背取食，严重时连芽叶、树皮、花和幼果都吃光。茶毛虫幼虫、成虫体上均被毒毛、鳞片，人体触及皮肤后红肿痛痒，影响农事操作。

害虫习性：各代幼虫发生为害期分别在4～5月，6～7

月，8～10月，一般春、秋两季发生重。雌蛾产卵于老叶背面。幼虫6～7龄，具群集性，3龄前群集性强，常数十头至数百头聚集在叶背取食下表皮和叶肉。3龄后开始分群迁散为害，咬食叶片呈缺刻。幼虫老熟后爬至茶丛根际枯枝落叶下或浅土中结茧化蛹。成虫有趋光性。一般栽培管理粗放，杂草丛生，间作高秆作物的茶园发生较重。

图7-9　茶毛虫

防治措施：

1. 人工捕抓。每年11月至翌年4月，摘除越冬卵块，并保护寄生蜂，以待捕杀幼虫。

2. 结合中耕培土适时灭蛹。

3. 诱杀成虫：点灯诱蛾；性诱。

4. 化学防治：用10%虫螨腈悬浮剂1 500～3 000倍液，最好在幼虫3龄前防治。

5. 生物防治：喷撒青虫菌粉（每克含150亿个孢子）500倍液。

（三）黑翅土白蚁及其防治

是一种土栖性害虫，主要为工蚁危害茶树树皮、浅木

图7-10 黑翅土白蚁

质层及根部，造成被害树干外形成大块蚁路，茶树长势衰退。侵入木质部后，则树干枯萎，幼苗极易因之死亡。采食危害时做泥被和泥线，严重时泥被环绕整个干体周围而形成泥套，特征很明显。

害虫习性：工蚁采食时，在树干上筑泥线、泥被或泥套，隐藏其内采食树皮及木纤维。日平均气温达12℃时，工蚁开始离巢采食，最高气温25℃，最低气温15℃，平均气温20℃左右，工蚁采食达到高峰，故4～5月和9～10月（尤其在4月中下旬与8月下旬至9月初）为全年两次为害高峰。

防治措施：

1. 人工防治：用松木、甘蔗、芦草等坑埋于地下，保持湿润，并施入适量农药，如施入“灭蚁灵”等，诱杀工蚁。

2. 药剂防治：发现蚁路和分群孔，可用70%灭蚁灵粉剂喷施蚁体来灭蚁。

3. 物理防治：繁殖蚁羽化分飞盛期，可悬挂黑光灯诱杀有翅成蚁。

（四）茶潜叶蝇及其防治

图7-11　茶潜叶蝇

属双翅目，潜蝇科，是茶园常见的小型食叶害虫。其具有舐吸式口器，幼虫为害茶树叶片，往往钻入叶片组织中，潜食茶叶中叶肉组织，造成叶片呈现不规则白色条斑，使叶片逐渐枯黄，造成叶片内叶绿素分解，叶片中糖分降低，危害严重时被害植株叶黄脱落，甚至死亡。

害虫习性：茶潜叶蝇一年发生代数不详，幼虫潜伏在叶肉组织内越冬，春暖季节出现成虫，卵散产于嫩叶表面。幼虫孵化后蛀入叶内潜食叶肉，老熟后即在叶内潜道中化蛹。

防治措施：

1. 人工防治：人工摘除带虫叶。

2. 药剂防治：阿维菌素与吡虫啉1 000倍液，应在其低龄期防治。

（五）茶丽纹象甲及其防治

为鞘翅目象甲科。我国南方茶区均有分布，是茶叶主要

图7-12 茶丽文象甲

的芽叶害虫。其成虫啃食新梢叶片，自叶缘咬食，使叶片留下许多不规则缺刻，甚至仅留主脉，对夏茶的产量和品质影响较大。严重时茶园残叶秃脉，影响产量，损伤树势。其幼虫栖息土中咬食须根。近年来，该虫害在福建部分茶园成灾发生，造成了严重的经济损失。

害虫习性：该虫每年发生1代，老熟幼虫在茶丛树冠下土中越冬。3～4月越冬幼虫陆续化蛹，4月中下旬成虫分批出土，5月是成虫盛发期，为害与产卵盛期在5月上旬～6月间。成虫终见期在8月间。一天中16～20时取食最烈，全年以夏茶受害最重。成虫具假死性，卵散产于树下松土间，多数分布在树根周围。

防治措施：

1. 中耕灭蛹：中耕能破坏蛹的栖息环境，使化蛹土室破裂，蛹机械伤亡。

2. 人工捕杀：利用成虫假死性，于盛发期震动茶树，用工具（如塑料薄膜）接住，集中予以消灭。

3. 养鸡治虫：在有条件的茶园，结合养鸡治虫。成虫盛发期放鸡于茶园，同时拍击茶树蓬面，使假死成虫落地，利于鸡的捕食。

4. 药剂防治：可选用10%联苯菊酯水乳剂1～2 000倍液。

（六）茶角胸叶甲及其防治

鞘翅目叶甲科角胸肖叶甲属的一种甲虫。分布于福建、江西、湖南、湖北、广东、广西等地，闽北、赣南、湘南、粤北茶区受害重，是近年南方茶区为害成灾的新害虫。成虫咬食茶树嫩梢芽叶，幼虫取食茶树根系，对茶叶产量、品质影响很大。

图7-13　茶角胸叶甲危害情况

害虫习性：幼虫在土中越冬，翌年4月上旬幼虫化蛹，5月上旬成虫羽化，5月中旬至6月中旬进入成虫为害盛期，6月下旬开始减少。5月下旬开始产卵，7月上旬开始孵化，再以幼虫越冬。该虫卵期约14天，幼虫期280～300天，蛹期15天，成虫期40～60天。天敌有蚂蚁、黑步甲、毛列步甲等。

防治措施：

1. 加强检疫，防其扩散。

2. 培育抗虫品种。

3. 利用鸟类、蚂蚁、步甲等捕食，也可放鸡鸭啄食。提倡用白僵菌、苏云金杆菌处理土壤。

4. 在幼虫期、蛹期翻松土层，距茶丛20cm开浅沟，喷洒20%速灭杀丁，或2.5%敌杀死乳油3 000倍液，或50%辛硫磷乳油1 000倍液，再混匀覆盖。蛹期施药效果比幼虫期好。

5. 成虫羽化后10～15天是防治适宜期，及时喷洒上述杀虫剂，隔10天再喷洒一次。

（七）小贯小绿叶蝉及其防治

隶属于昆虫纲半翅目叶蝉科，是中国茶区分布最广、危害最重的一种茶树害虫，全年以夏秋茶受害最重。成虫和若虫吸取芽叶汁液，导致芽叶生长迟缓，焦边、焦叶，轻则造成茶叶减产，重则绝收。

图7–14　小绿叶蝉

害虫习性：一年发生9～11代。成虫有陆续孕卵和分批产卵习性，越冬代成虫的产卵期可长达1个月之久，因此世代重叠十分严重。小绿叶蝉在全年有两个发生高峰，第一个高峰期在5月下旬至6月中下旬，第二个高峰期在10月至11月上旬。成虫和若虫在雨天和有晨露时不活动，时晴时雨、留养及杂草丛生的茶园利其发生。成虫多栖息在茶丛叶层，卵一般产在芽下第1～3节嫩梢组织中。每只雌虫产卵10～30粒。若虫常栖息在嫩叶背面。

防治措施：

1. 使用鱼藤酮，试验表明，7.5%鱼藤酮乳油1 000倍液有较理想的防治效果。

2. 使用0.6%苦参碱水剂1 000倍液防治效果较佳，但药效较缓慢，应提前3～5天施用。

3. 用黄色粘虫板（纸）诱捕。

4. 用频振式杀虫灯诱杀，在害虫发生期，每1 000m^{2}放置杀虫灯一盏，杀虫灯不宜悬挂过高。

（八）茶梨蚧及其防治

图7-15　茶梨蚧

为同翅目盾蚧科。分布于安徽、江苏、浙江、广西、广东、福建、贵州、台湾等地。寄主植物为茶树、桑枝、柑橘等。若虫和雌成虫吸食枝叶上的汁液，受害茶树树势衰弱，发芽减少，对夹叶增多，产量下降或死亡。

害虫习性：受精雌成虫在枝干或叶片主脉两侧越冬。翌年3月初，越冬雌成虫开始产卵，至4月中旬。4月下旬一代若虫开始孵化，5月中上旬进入盛孵期。第二代若虫在6月下旬7月上旬进入盛孵期。三代发生不整齐，从8月中旬持续到11月。雌成虫受精后，把卵产在介壳里，产卵量一般18～20粒，多的达80多粒。雌虫共3龄，3龄后变为雌成虫；雄虫共2龄，2龄后变为前蛹。主要天敌有红点唇瓢虫、寄生蜂、寄生蝇等。

防治措施：

1. 茶园合理施肥，及时除草，适当剪除徒长枝和有虫枝叶，使其远离茶梨蚧发生条件，可减少该虫发生。

2. 在盛孵末期至2龄若虫前喷洒40%乐果乳油或50%马拉硫磷乳油、25%亚胺硫磷乳油800～1 000倍。该虫介壳薄，只要叶正反两面和枝条喷湿，均可收到较好效果。

3. 加强茶苗检疫，杜绝虫源。

（九）茶蚜及其防治

又称茶二叉蚜，俗称蜜虫、油虫，属半翅目蚜虫科，是一种茶园常见害虫，有翅成蚜、有翅若蚜、无翅若蚜等类别之分。若虫和成虫会聚集在茶树嫩茎、嫩叶背面吸取汁液。在春茶中后期晴暖少雨时形成种群高峰，并扩散危害，导致芽叶向下翻卷弯曲，生长停滞。其排泄的“蜜露”常诱致霉病发生。

害虫习性：2月下旬平均气温持续在4℃以上时越冬卵开始孵化，3月中上旬孵化达到高峰，经连续孤雌生殖，4月下旬至5月中上旬出现危害高峰，此后随气温升高而数量骤落，9月下旬至10月中旬出现第二次危害高峰，并随气温降低出现两性蚜，交配产卵越冬，产卵高峰一般在11月中上旬。茶蚜趋嫩性强，芽下第一、二叶上的虫量最大。早春茶丛中下部嫩叶上较多，春暖后蓬面芽叶上居多，炎夏锐减，秋季又增多。

图7-16　茶蚜

防治措施：

1. 由于茶蚜集中分布在1芽2、3叶上，因此及时分批采摘是有效的防治措施。

2. 危害较重的茶园应采用农药防治，施药方式以低容量蓬面扫喷为宜。药剂可选用10%吡虫啉（平均10～15g/亩）、80%敌敌畏（平均50～60ml/亩）及50%辛硫磷（平均50ml/亩）。

3. 注意保护茶蚜天敌。

（十）茶蓑蛾及其防治

为鳞翅目蓑蛾科窠蓑蛾属的一种昆虫。幼虫在护囊中咬

图7-17　茶蓑蛾

食叶片、嫩梢或剥食枝干、果实皮层，造成局部茶丛光秃。该虫喜集中为害。

害虫习性：2～3月间，气温10℃左右，越冬幼虫开始活动和取食。由于虫龄高，食量大，此时它们为茶园早春的主要害虫之一。5月中下旬幼虫陆续化蛹，6月上旬至7月中旬成虫羽化并产卵，当年1代幼虫于6～8月发生，7～8月为害最重。第2代的越冬幼虫在9月出现，冬前为害较轻。

防治措施：

1. 采花或进行茶园管理时，发现虫囊及时摘除，集中烧毁。

2. 注意保护寄生蜂等天敌昆虫。

3. 在幼虫低龄盛期喷洒药剂，提倡喷洒每8含1亿活孢子的杀螟杆菌或青虫菌进行生物防治。

第八章

茶园污染源防控及气象灾害防护

第一节　茶园污染源控制

茶园污染是影响茶叶品质的重要因素，轻则影响茶叶的感官品质，导致茶叶单价下降；重则使茶叶严重减产甚至绝收，或因不符合食品安全标准而无法上市销售，因此，对茶园污染源的控制极为重要。

茶园污染的主要类型有农药残留与重金属元素污染。

一、茶园主要农药残留的种类与特性

农药主要是指用来防治危害农业生产的有害生物（害虫、害螨、线虫、病原菌和杂草）和调节植物生长的化学药品，但通常也把改善有效成分的物理、化学性质的各种助剂包括在内。茶叶中的农药残留是农药使用后残存于茶叶中的农药原体、有毒代谢物、降解物和杂质的总称。目前，化学防治仍是茶树病虫害防治的重要技术手段之一，农药的使用必然会带来农药残留问题。施加的农药只有约5%发挥作用，超过80%的农药最终会进入土壤，主要残留在0～20cm的表土层，导致茶园土壤和茶叶中农药残留超标。茶园土壤农药残

留为茶叶农药残留的间接来源，会降低茶叶品质，也会通过径流、淋溶、挥发等途径进入地表水、地下水和大气环境，从而对环境造成污染。

（一）有机氯农药（OCP）

有机氯农药是主要的持久性有机污染物（POPs），具有环境持久保留、半挥发性、生物有毒性等特征。有机氯农药，如六六六与滴滴涕，是中国茶园农药残留的常见种类，研究人员在湖北、四川、重庆和福建等地的茶园土壤中均检测出了有机氯残留，但绝大多数茶园的有机氯土壤残留符合国家土壤环境质量标准（GB 15618-1995）的一级标准（50μg/kg）。对福建省106个茶园的调查发现，滴滴涕的衍生物检出率为72%～100%，六六六类各异构体的检出率为56%～73%，莆田、泉州和龙岩等地茶园有机氯含量相对较高。针对鄂东北茶园的调查发现，土壤中六六六和滴滴涕的检出率达100%，残留量分别在0.01～0.08mg/kg和0.01～0.10mg/kg，部分样本达到轻污染水平，六六六和滴滴涕是主要的贡献因子。中国早在20世纪80年代就禁用了有机氯农药，目前一般认为茶园土壤有机氯残留是历史使用的遗留，但是有研究发现，一些茶园可能有新的有机氯污染源，可能与三氯杀螨醇（DDTs含量为3.54%～10.80%）的使用有关，周围环境如水体或者化工厂也有可能是茶园土壤有机氯污染的来源。土壤有机氯农药残留量与土壤深度、海拔高度、茶树树龄有关，总的趋势是土层越深、海拔越高、树龄越大，农药污染程度越轻。

（二）有机磷农药

有机氯农药禁止使用后，有机磷农药成为中国农药市场份额最大、使用最广泛的农药。一般认为，相比难降解的有机氯农药，有机磷农药在土壤中残留的时间较短，易水解，但是有机磷具有较强的毒性，可能通过食物链富集作用导致食品农药残留超标，还可能转化为持久性有机污染物，从而对人类健康和生态环境构成潜在的威胁。目前关于茶园土壤有机磷农药残留状况的研究和报告比较少，就我们搜集的信息来看，四川省茶园土壤中总有机磷农药的检出率很高，达35.46%，检出点数达150个，主要检出种类有克百威、久效磷、甲拌磷、乐果、水胺硫磷和甲胺磷等。苏州东洞庭山茶园土壤未检出敌敌畏、乐果、毒死蜱、甲基对硫磷、马拉硫磷、杀螟硫磷和三唑磷，可能是该地区未使用这些有机磷农药，或者土壤中农药残留经降解和转化后含量低于检测限。目前，中国没有土壤有机磷农药的残留限量标准，依据美国土壤农药残留限量标准，甲基对硫磷允许最大检出量为12μg/kg，其他有机磷农药一旦在土壤中检出就认为威胁农产品安全。因此，茶园土壤有机磷污染应该引起重视，需要加大检测范围和监测力度。

（三）拟除虫菊酯类农药

拟除虫菊酯类农药化学性质稳定，不易光解，残留期长，对生态系统和人类健康有严重危害，是中国出口茶叶超标较高的农药之一。拟除虫菊酯类也是茶园土壤中常见的农药残留，四川省茶园检出了氰戊菊酯、甲氰菊酯、溴氰菊酯和优乐得等，检出率为10.24%。重庆永川、北碚等地茶园检测出氰戊菊酯、优乐得和联苯菊酯等农药残留，含量分别为0.0146～0.0190mg/kg、0.004mg/kg和0.006mg/kg。苏州东洞庭山茶园检出高效氟氯氰菊酯和氟氯氰菊酯。目前，中国没有拟定土壤中拟除虫菊酯类农药的残留限量标准，还无法判定此类农药残留是否超标。拟除虫菊酯类农药属于非离子型农药，有机碳吸附系数高，容易被土壤吸附，而不容易随着径流或者淋溶迁移，同时这类农药大多比较黏稠，不容易挥发，因此大多残留在土壤表层。

二、控制农药残留的对策

（一）合理用药

目前，关于茶园土壤农药残留的研究大多集中在农药残留种类、含量上，随着检测方法逐渐优化，应该加强在茶园特殊的土壤条件和管理条件下常用农药在土壤中的迁移转化规律和动态的研究，制定相应农药的使用规范以及土壤残留限量的标准，为生产过程中合理使用农药提供科学依据。

此外，生物防治利用生物及其产物控制害虫，具有无毒、无害、环保、成本低的特点，应多采用。茶园生物防治的手段主要包括天敌防治、微生物及其代谢产物防治、转基因植物防治、植物源农药和动物源农药防治等四大类。建议多以生物防治控制病虫害，减少农药的使用。

（二）土壤农残降解

农艺措施能够促进茶园土壤农药残留的降解，研究发现，根部施加碳酸氢铵与泥炭土混合堆肥，单独施加碳酸氢铵、修剪茶树，以及叶面喷施稀土元素、碳酸氢钠和腐殖酸钠混合液能够有效降解茶园土壤残留的有机氯。利用微生物菌剂降解茶园土壤农药残留是近年的热点研究，研究主要集中在降解菌的分离、筛选、鉴定、生理生态特性以及效果评价上，目前已有研究报告的茶园农残降解菌有草甘膦降解菌、氯氰菊酯降解菌、高效氯氟氰菊酯降解菌、溴氰菊酯降解菌、吡虫啉降解菌，但是目前大多数效果评价仅限于实验室中将农药与可降解农药的菌种同时加入瓶中，摇瓶以降解农药，来评价某一菌种对特定农药降解效率的试验，盆栽试验和田间试验比较少。微生物降解具有成本低、高效、无二次污染等优势，有必要加强研究。

三、茶园主要重金属元素污染

城市化、工业化和长期施用化肥、农药使得中国土壤有重金属污染，部分茶园也受到不同程度的重金属污染。重金属具有易积累和潜伏、难降解、迁移速率慢、生态环境效应复杂等特点，能够通过茶叶富集进入食物链，危害人体健康。张清海与周国华等的研究均表明，茶园土壤重金属含量与茶叶中重金属含量具有明显相关性。因此，研究茶园土壤重金属污染程度，分析其污染潜在生态风险，采取对应措施，才能实现茶产业可持续发展和农业生态环境保护。

（一）铅污染

2000年以前，我国长期使用有铅汽油，汽车尾气曾是大气和土壤铅污染的主要来源之一。大量研究表明，茶园土壤中的铅含量与距公路的远近呈明显的相关关系。铅的溶解度会随着土壤酸性的增强而提高，因此在酸性较强的铅污染茶园土壤中，铅易被茶树吸收和累积，最终导致茶叶中铅含量超标。研究表明，土壤中的铅含量与茶叶中的铅含量之间存在明显的正相关关系。

（二）铜污染

目前，在茶园土壤和茶叶铜污染方面的研究报告较少。石元值等的研究表明，汽车尾气中除了铅以外，还含有铜元素，但尾气中的铜对茶园土壤中铜含量的影响不明显。少数被铜污染的茶叶，污染程度与茶园土壤中下层的铜含量呈显著正相关，与上层土壤铜含量关系不明显；茶叶中铜超标主要来源于铜的二次污染，即在茶叶加工过程中揉捻机具带来的铜污染。

（三）砷污染

土壤中砷的溶解性与土壤酸度密切相关，土壤pH每降低一个单位，砷的活度系数就提高1.2倍，沉积在土壤表层的砷氧化物就会进一步溶解。近年来，由于茶园土壤的酸化现象较为严重，茶园土壤中砷的有效性增加，茶树对砷的吸收和累积量也随之升高，砷污染的程度随之加重。同时，随着无公害茶园建设的逐步推广，畜禽粪便等成为茶园有机肥的一个重要来源，但据刘敏超的研究，某些集约养殖场肉鸡粪中砷的含量已经超过污泥农用标准（41mg/kg），因此施用这些有机肥也会造成茶园土壤砷的累积和污染。杨景辉的调查分析表明，土壤含砷量一般在0.1～20mg/kg之间；而据陈同斌等的研究，湖南省高砷地区茶园土壤含砷量早在1992年就已经高达699～1 910mg/kg。土壤中如此高的砷含量，既会抑制茶树根系的活力，也会阻碍其对水分、氮、磷、钾、镁、钙等的吸收和运输，还会使茶叶的砷含量大大超标。

（四）镉污染

镉是一种对人类健康和其他动植物（微生物）都有严重危害的有毒金属元素，在环境介质中具有活性强、迁移性强及毒性持久等特点，容易通过食物链的富集作用危及农业生产安全和人体健康，造成农作物减产及人体一系列疾病——关节炎、癌症和肾衰竭等。土壤中的镉是茶树镉的主要来源。总体而言，绝大部分茶园土壤镉污染指数小于1，但是部分老茶园（植茶年限超过50年）、有较高重金属背景值的贵州云雾茶区及武夷岩茶区的土壤镉含量超标。相比其他植物，茶树对镉的耐性较强，一般土壤中镉含量达到10mg/kg以上才会对茶树产生毒害效应，表现为叶片失绿、光合性能下降及生物量减少；土壤镉浓度达到60mg/kg时茶树会中毒死亡。茶园土壤大部分镉被茶树吸收后固定于吸收根及主根，再缓慢向地上部迁移，镉从根部向叶片的平均迁移量仅为0.2%。石元值等的研究表明，茶叶（n＝2307）中镉含量范围为ND～7.22mg/kg（均值为0.1mg/kg），相比以往呈明显升高趋势。李张伟关于粤东凤凰山茶区的研究也表明，该区域内茶叶（n＝60）中镉含量为0.30～0.98mg/kg（均值为0.65mg/kg），存在较高的生态风险。另外，不同茶树品种对镉的吸收存在很大差异，茶园土壤理化性质和施肥措施也会影响茶树对镉的吸收，镉含量较高的土壤种植易富集镉的茶树品种可能导致茶叶镉含量超标。

四、茶园主要重金属元素污染的对策

（一）茶园土壤污染的控制

为避免重金属污染，应该严控“三废”入园。在选择茶园位置时，尽量避开污染源。在重金属含量背景值高的与交通发达的地段不宜发展茶园；已发展起来的应该建立防护林带，以减轻汽车尾气造成的污染。在大量投放磷、钾、有机肥及微肥时，应注意砷、铜、镉、铅等有害元素；提倡因土施肥，配方施肥，科学施用过磷酸钙、钙镁磷肥，发展绿肥，适当增大有机肥的投入。

（二）茶园污染土壤的治理和修复

土壤污染具有明显的隐蔽性、滞后性、累积性和不可逆转性。目前治理污染土壤主要采用物理、化学和生物三种修复方法，前两种方法存在造价昂贵，容易破坏污染土壤场地结构及土壤理化性质等缺点，相比较而言，生物修复具有投资和维护成本低，操作简便，不造成二次污染，具有潜在或显著经济效益等优点。因而，从20世纪80年代以来，植物修复技术成为国际学术界研究的热点。

目前，在超积累植物筛选方面，我国已发现数十种具有超富集能力的植物，并利用这些植物开展了土壤及水体污染的修复工作，如利用蜈蚣草对土壤中砷的超富集功能，对砷、铜、锌等污染土壤进行植物修复。此外，还有一些植物，如东南景天、印度芥菜、香蒲、凤眼莲等，对不同的重金属都有很强的富集能力，利用这些植物已形成了相应的污染土壤及水体的植物修复技术体系。迄今为止，已发现的重金属超积累植物有450余种，多数为分布于北美洲、大洋洲和欧洲等地的木本植物。

随着土壤污染修复技术，特别是生物修复技术的发展和不同学科间的交叉渗透，茶园土壤污染的修复和治理会出现更多更有效的措施和方法。有研究表明，将电化学、土壤淋洗法和植物提取法综合应用到土壤修复中，比使用任何一种单一方法效果都要好。也有学者预期，在重金属污染土壤的修复中以植物修复为主，辅以化学、微生物及农业措施，增加重金属的生物有效性，促进植物的生长和吸收，可以提高植物修复的综合效益。在今后的研究中，应该致力于筛选、培育可同时吸收多种重金属元素的超积累植物，同时注意进一步加强各学科的渗透，利用分子生物等技术以提高植物修复的实用性，综合利用生物修复技术增强污染土壤修复的有效性。

第二节　茶园气象灾害与防护

茶树的生长需要适宜的温度和水分条件，茶树在生长过程中难免受到热害与干旱、寒害与冻害等气象灾害的影响。我们应了解气象灾害对茶树的影响与应对措施，以减轻这些灾害对茶园生产的影响。

一、热害与干旱对茶树的影响及茶园防护措施

（一）热害与干旱对茶园的影响

茶园遭受高温干旱灾害时最直观的表现就是表型症状发生变化，因此了解茶园高温干旱灾害的等级及其表型症状，是开展防控的前提和基础。研究发现，遭受高温干旱危害前，茶树的芽和叶片呈翠绿色或墨绿色，外形完整，生长正常；高温干旱危害初期，芽和叶片上出现浅褐色的斑点，嫩叶轻度卷曲；随着危害时间的延长，斑点颜色不断变深，数量不断增加，随后，芽下面的幼嫩枝条开始明显变褐；高温干旱如果进一步加剧，褐色斑点不断聚集，形成大型红褐色斑块，边缘呈烧焦状并向内卷曲；高温干旱危害严重时，茶树的成熟叶片全部枯焦脱落，幼嫩的芽和叶也呈烧焦状，枝条枯死，甚至整株茶树枯萎死亡。

（二）面向茶园热害与干旱的防护措施

★**茶园立地条件的选择**：茶园环境直接影响茶园高温干旱灾害的程度。因此，新建茶园首先要考虑立地条件，是否适宜茶树生长。一般来说，处在阴坡的茶树比阳坡的受高温干旱危害的程度要轻；平地茶园要比洼地茶园危害程度轻；切忌将地下水位较高的稻田改造成茶园，而应该选择土层深厚、结构良好、质地疏松、肥力与有效持水力较好的地块。

★**优良抗性品种的选择**：由于茶树的形态特征和生理特性与其对高温干旱的抗性息息相关，因此应该选择叶片栅栏组织和角质层较厚的茶树品种。同时，有性系因其性状表现

不一，适应性广，在遭遇高温干旱灾害时抗逆性不同，尚可保持一定产量；而无性系性状与适应性表现相同，如遭遇高温干旱灾害，可能大幅度减产甚至绝收。因此要注意有性系和无性系的合理配置，规避高温干旱灾害风险。

★优化茶园小气候：在高温干旱气候环境下，茶树密度过高会导致蒸腾作用旺盛，耗水量过大，从而引起茶树群体与其他物种之间、茶树个体之间对水分的竞争。因此，新建茶园要合理密植。同时，茶园应适当种植行道树或遮阴树，以减少太阳辐射，有效降温。树种应选择病虫害发生较少，同时具有一定的经济和观赏价值的乔木，如樱花、香樟、桂花、杜英和无患子等。

★强化茶园灌溉设施：灌溉是茶园中最为有效的抵抗高温干旱的管理措施。一般认为，温度达到35℃，或日平均气温30℃左右持续1周以上，或茶园土壤含水量小于田间持水量的70%，要及时灌溉。一般茶园的灌溉方式有流灌、喷灌和滴灌三种。

流灌：茶园流灌可以一次性彻底解决干旱问题，但是需水量太大、水分利用率低，并且容易造成水土流失。此外，流灌对地形要求较为严格，只适用于平地茶园及水平梯式茶园等。

喷灌：喷灌是目前茶园中使用最广泛的灌溉方式，不仅能避免深层渗漏和地表径流，而且可以改善茶园小气候，有效降低茶园气温和地温，提高空气湿度，为茶树生长创造适宜的环境条件。

滴灌：滴灌即利用低压管道系统，把水引至埋于茶园土壤的毛管中，再经吐水孔缓慢滴入根际土壤，从而补充土壤水分。滴灌最大的优点是用水经济，可以减少水的流失损耗，而且不破坏土壤结构；但滴头和毛管容易发生堵塞，并且投资大，田间管理相对烦琐。

在做好预防工作的基础上，当高温干旱天气持续发生时，应采取下列应急防控技术，以提高茶园抵御高温干旱灾害的能力：

★适时合理灌溉：有灌溉条件的茶园，可以在上午9:00之前或下午16:00之后浇水。灌溉浇水时，避免出水量过大而形成地表径流，这样不仅会浪费水资源，而且易导致土壤板结。

★茶园科学遮阴：在高温干旱发生时，首先要创造条件降低茶树叶片的温度。对茶树进行科学遮阴，能够有效降低茶树蓬面的温度，从而减缓高温干旱对茶树的危害。根据阳光的强度，在茶树上方架设相应密度的遮阳网。遮阳网与茶树蓬面保持40cm以上的距离，就能有效阻挡日晒，降低茶树蓬面温度，防止茶树叶片灼伤。切勿将遮阳网直接覆盖于茶树蓬面上，否则会加重高温危害。尤其是已完成采摘或修剪，尚未发芽或刚刚发芽的茶园，更应切实做好遮阴措施。对于幼龄茶园，可选择遮阴越夏。

★茶树行间合理覆盖或间作：用草或秸秆覆盖茶树行间，可以有效降低地表温度，同时可以减少土壤水分蒸发，是一种有效的抗旱措施。高温干旱发生前，可就地取材，用稻草、杂草、谷壳、木屑、竹屑、食用菌棒废料等对茶园地面进行覆盖，厚度约10cm。此外，间作绿肥也能够有效遮阴，降低地面温度，还可以改善茶园小气候，进而有效防止茶树遭受高温干旱危害。覆盖和间作等措施操作相对简便，而且成本低。

★**运用茶树高温干旱抗性调控新技术**：近年的研究发现，利用外源喷施油菜素内酯和甲基水杨酸等植物激素，能够在一定程度上维持高温干旱条件下茶树叶片细胞光合系统的稳定，提高叶片的抗氧化能力，缓解氧化胁迫，最终提高茶树对高温干旱的耐受性。当持续高温干旱时，在上午9:00之前或下午16:00之后，使用0.1mol/L的油菜素内酯或1mmol/L的水杨酸甲酯在茶树叶片上进行喷施，可以显著提高茶树对高温干旱的耐受性。该措施对于幼龄茶园效果尤为显著。

★**尽量减少茶园作业**：由于茶园的杂草对茶苗有遮阴作用，高温干旱较严重时，应避免耕作除草，更要避免修剪和施肥等茶园管理作业，以防止高温干旱危害加重。

高温干旱天气开始对茶园造成的伤害是可逆的，应及时采取恢复生产的技术措施，避免高温干旱天气对茶树造成的可逆性伤害转变为不可逆的伤害，恢复茶园正常生产。应采取以下措施：

★**适时合理修剪**：对于已经遭受高温干旱伤害的茶园，如果仅成叶有焦斑，顶部枝条仍在生长，不需要修剪，应保持树势，让茶树自行发芽，恢复生长。但对于高温干旱危害特别严重，蓬面出现大量枯死枝条的茶树，则需及时修剪，剪去枯死的枝条。要注意修剪程度，一般宜轻不宜重。

★**及时科学施肥**：对于受害严重的茶园，高温干旱天气过去后，雨后土壤潮湿时，应及时施肥。建议提前施用茶园秋冬季基肥，一般每公顷施用菜籽饼2 250 ~ 3 000kg或者商品有机肥4 500 ~ 7 500kg，同时配合施用300 ~ 450kg复合肥。在茶树行间开沟深施，沟深20cm，施后覆土。

★**注意留养**：对于需要采摘夏秋茶的茶园，高温干旱灾害发生后，要多留少采，并提早封园，使茶树尽早恢复树势，以减少对来年春茶产量的影响。

★**及时补种茶苗**：尤其对于幼龄茶园，如果出现茶苗死亡的情况，应在当年秋冬季及时补种。对于高温干旱严重导致茶苗大量死亡的茶园，应及时深翻土壤，加培客土，根除茶园土壤中的障碍因子后再种植新茶苗。不适宜茶树生长的区块，建议改作他用。

二、寒害与冻害对茶树的影响及茶园防护措施

（一）寒害与冻害对茶园的影响

寒害是指茶树在其生育期间遇到反常低温（此低温高于0℃），使茶树受到伤害。由于低温的影响，茶树春梢、秋梢发育不正常，春茶、秋茶减产。冻害是土壤表面或树冠的温度短时间下降到零度以下，使茶树遭受伤害或死亡。茶树受冻后，不仅产量下降，还因生理抗性花青素增多，成叶边缘变成褐色，叶片呈紫褐色，嫩叶出现“麻点”或“麻头”。用这样的鲜叶制成的绿茶，滋味涩苦；制成的红茶，因酚类衍生物的减少而发酵不良，香气降低，影响品质。茶树受害程度不尽相同，一般受冻是从生理活动稍强的部位开始的，而后发展到整株，先是叶枯落，越冬芽受害，继而枝梢干枯，直至整株冻死。

（二）面向茶园寒害与冻害的防护措施

★**科学选择地形**：选址时重点考虑是否有利于茶园越

冬。园地设在朝南、背风、向阳的山坡，最好为孤山或附近东、西、南三面无山，否则易出现回头风和串沟风，对茶树生长不利。山顶风大土干，山脚夜冷霜重，农谚有“雪打山梁霜打洼”之说，故茶树多种植在山坡的窄幅梯田上。

★**选用抗寒品种：**选择无性系抗寒品种，如菊花春、翠峰、迎霜、舒早春、安吉白茶、龙井43号、龙井长叶、白毫早与中茶系列等。

★**深垦施肥：**种植茶树前，深垦施足基肥，提高土壤肥力，充分发挥水、肥、气、热的综合效应。在红壤与黄壤地区，要先打破硬盘层，以利于茶树扎根。

★**合理营造防护林带：**合理预留原有树木，结合绿化造林设置防护林带，以阻风防寒流。

★**埋土越冬：**幼龄茶树抗寒能力弱，冬季来临时，要取沟土培于根际，以30～40cm为宜。翌年春萌前扒开培土，回填沟际。

成龄茶园寒害、冻害的防御措施如下：

★**农业技术措施：**一是加强培肥管理，入秋后施肥要前促后控，最后一次施肥应在8月底前完成，否则，茶树生长恋秋，抗寒性差。二是加强深耕培土：入冬前，合理深耕，排除湿害，促进茶树根系向纵深伸展。一般于11月之前在茶树根茎5～10cm处培土，翌年春季扒开。三是行间覆盖：入冬后适时覆盖茶行，可就地取材，将柴草、秸秆、草皮、锯木屑、厩肥、稻麦壳等于土壤封冻前铺上，茶树近根处要厚铺。四是种植绿肥：秋季种植苕子、苜蓿等越冬绿肥，以覆盖地面，保持土温；春季种植田箐、柽麻等高秆绿肥，割取枝叶作肥料，留下光秆过冬，形成风屏。五是茶园灌溉：于寒害、冻害前夜或晚间进行灌溉，有利于茶树安全越冬。

★**物理方法**：一是熏烟法：主要用于防御霜冻，其优势是能有效防止土壤和茶树表面失去大量热量。二是屏障法：通过设置防风墙、防风林、风障等有效防御寒害、冷害。三是喷水法：最好配备微喷设备，于有霜夜间进行。四是覆盖法：寒害、冻害来临前用稻草、杂草、塑料薄膜覆盖茶树蓬面，盖而不严，开春后及时掀开。

★**化学方法**：利用化学制剂保温，减少水分蒸腾，或促进新梢老熟，提高其木质化程度，以增强茶树抗寒的能力。秋末用200mg/kg的2.4–二氯苯氧乙酸，10月下旬用800mg/kg的乙烯利。越冬期在茶树叶表和表土喷洒抑蒸保温剂。

★**茶树修剪**：修剪因茶树受灾程度不同而采取不同的方式。受寒害、冻害轻的（3级以下），要遵循宁浅勿深的轻修剪原则，早春气温稳定回升且冻害表征明显后开始，只剪去枯死部分，在7～14天内完成。受寒害、冻害严重的，进行重剪或台刈，及时剪去受害部位。修剪和折枝所留下的伤口应涂上保护剂，如1：1：100的波尔多液、3%～5%的石硫合剂及多菌灵等。

★**及时中耕**：土壤板结的，要于早春解冻后进行中耕松土，操作时要避免伤及大根。春梢萌芽前后，气温连续5天稳定在10℃以上时，要及早勤施薄肥，以氮肥为主，采用沟施法。同时，可根外喷施0.3%的澳优多元素微肥，或0.2%～0.3%尿素和0.2%～0.3%磷酸二氢钾混合液。

★**综合防治**：病虫害茶树遭受寒害、冻害后，易发生炭疽病等病害以及潜叶蛾、蚜虫、蚧类、天牛、钻蛀性害虫等虫害，要及时清园，清除枯枝落叶，集中焚烧。清园后用波尔多液或50%的多菌灵800倍液全园喷洒一次，可有效防治病害。对于虫害，可药剂（50%辛硫磷、50%杀螟硫磷乳剂1 000倍液、10%氯氰菊酯乳剂、2.5%溴氰菊酯乳剂600～800倍液等）喷杀、灯光诱杀（趋光性害虫，如蛾类羽化盛期）、人工捕捉、茶丛根际培土、树干涂石硫合剂，也可用敌敌畏注入虫卵排泄孔、用湿土封虫穴孔，以杀死幼虫。

★**控制春茶产量：**根据受冻程度来确定。1级冻害茶园，在加强管理的基础上，将产量控制在80%。2级冻害茶园，春茶产量控制在60%。3级冻害茶园春茶，产量控制在40%。受害严重的，当年进行茶园更新管理。

第九章

茶叶采摘与贮运

第一节　茶叶采摘标准

我国茶类众多，加工时对鲜叶的状态要求不一，因此茶叶采摘标准不一，是根据茶类加工对鲜叶的嫩度与品质的要求结合茶树新梢生长的生物学特性和产量因素确定的。

不同的成品茶在制茶时有不同的要求，甚至从采摘时就进行了区分，主要分为以下几类：名优茶、特种茶、大宗茶、边销茶。

★名优茶：大多数名优茶对鲜叶的嫩度和均匀度要求较高，一般采摘一芽一叶或一芽二叶初展的新梢，甚至只采单芽。如特级龙井茶，要求为一芽一叶初展新梢，并要求茶芽长于叶，还要求新梢无茸毛或少茸毛；而毛峰茶，除对鲜叶的嫩度有要求外，一般选择芽头粗壮、茸毛多的茶树品种的鲜叶。

★特种茶：特种茶采取开面采的方法。当顶芽变成驻芽，也就是3～5叶，快成熟的时候，上部的第一片叶6～7成开面时采下驻芽2～4叶比较合适，2～3开面采的新梢是制造乌龙茶的最好原料。

★**大宗茶：**采取适中采摘法，以一芽二叶为主，一芽三叶为辅。此采摘方法对嫩度要求不及名优茶，但是这类茶的产量高于名优茶，且品质较好。

★**边销茶：**边销茶也就是在边疆地区销售的茶叶。与其他三类茶不同的是，这类茶新梢成熟的时候才能采摘。不过为了增加茶叶的经济价值，提高利用率，可以先采摘一批细芽进行加工。

茶鲜叶采后要验收分级。由于栽培环境、茶树品种、采工习惯及采摘标准等不同，鲜叶差异较大，所以要对鲜叶进行适当的验收分级。收青人员及时验收，须根据芽叶的嫩度、匀度、净度和鲜度等按标准评定等级，将不同标准的鲜叶分开，如雨天与晴天叶分开，隔天与当天叶分开，上午与下午叶分开，劣变与正常叶分开，按级归堆。依级定价，按质论价，调动采工采摘优质鲜叶的积极性。按级加工，则能保证成茶品质。

第二节　鲜叶贮运与保鲜

茶鲜叶又称“茶青”，指从山茶科、山茶属、茶种植物新梢上采摘下来的鲜活的芽或叶。它是制茶的原料，是决定成茶品质的重要因素。用优质的茶鲜叶才能生产出优质的茶叶产品。由于茶鲜叶是鲜活的生物体，在采摘、运输与贮放等过程中，若操作不当，不注意保鲜，会影响成茶品质，造成较大的经济损失。因此，了解茶鲜叶的劣变机理，做好茶鲜叶采摘，采后的验收分级，运输途中和进厂后的保鲜处理，正确运用茶鲜叶保鲜技术等至关重要，另外，分析现有保鲜技术存在的问题，借鉴其他园艺产品的先进保鲜技术，对提出茶鲜叶保鲜新思路具有指导意义。

一、茶鲜叶劣变原理

茶鲜叶是从茶树上采下的鲜活生物体，在采摘、运输与贮放过程中易受到某些不良因素影响而劣变，失去新鲜度。一般劣变鲜叶主要是色泽和香气两方面发生变化：色泽由鲜艳转为枯暗，甚至变红；鲜叶清幽兰花香味减退，正常情况下产生花果香，如果有叶面有水，就可能产生难闻的水闷气味，而变质的茶鲜叶则会产生腐败气味或酒糟气味，腐败变质的茶鲜叶完全丧失制茶价值。

导致茶鲜叶劣变的因素及其发生机制如下：

★**温度**：鲜叶采下后呼吸作用加强，叶内糖分分解，释放大量热能，使叶温迅速上升，部分酶被激活，且活性增强，内含物质快速分解转化，多酚类物质缩合，从可溶状态变为不溶状态，水浸出物减少，不断氧化，使鲜叶逐渐红变。据试验，当叶温升至32℃时，鲜叶开始红变；41℃时有1/4鲜叶红变；48℃时，鲜叶几乎全部红变。如果鲜叶受到挤压或通透性不好，呼吸产生的热量无法及时散发，将进一步增强呼吸作用、有机物质分解和多酚类物质氧化。尤其带有雨水、露水的茶鲜叶，更应严禁压得过紧，否则散热更加困难，致使劣变加快。

★**氧气**：呼吸需要氧气，充足的氧气会加快有氧呼吸，增强酶活性，使需氧反应加剧，干物质损耗量攀升，间接导致升温，使芽叶红变。氧气也使部分好氧微生物快速滋生，导致鲜叶发生腐烂或霉变，引起生理病害，失去饮用价值。但氧气含量过低同样会导致鲜叶劣变：由于挤压或透气性不好，叶堆内易形成局部无氧环境，该环境中的鲜叶进行无氧呼吸，产生酒精毒害细胞以致茶叶变质。

★**水分**：鲜叶采下后失去母体水分补充，又处于干燥环境中，失水加快。外观表现为表面失去光泽，新鲜度变差，严重时因失水过多而产生皱缩和枯萎现象。水分散失会间接强化呼吸作用，加速干物质的分解消耗，使叶温升高造成红变。另外，水分在茶叶加工过程中有着特殊作用：绿茶杀青，除蒸青外的其他杀青方式均须借助鲜叶自身水分汽化后产生的蒸汽，蒸汽穿透细胞，以达到制止酶活性的目的，而其他茶类加工，如红茶的发酵、青茶的摇青等关键工序，都需要鲜叶内水分的直接参与，所以鲜叶失水过快会严重影响随后的茶叶加工操作，从而影响茶叶品质。

★**时间**：如果鲜叶堆放时间太长，碳水化合物大量消耗，转而水解蛋白质，生成氨基酸和酰胺，然后通过氮代谢转变成氨气，便可闻到腐败的氨臭味。这说明鲜叶已变质，失去了制茶价值，只能用来做肥料。据竹尾忠一的研究，鲜叶在25℃的温度下贮藏3天就会腐败变质，氨态氮含量比新鲜茶叶增加十几倍。

★**机械损伤**：茶鲜叶在采摘、运输与贮放过程中，容易受到掐、捏、碰、擦、折、压等形式的机械损伤。这些机械损伤使部分组织细胞破损，液泡中的多酚类物质与叶绿体中的多酚氧化酶充分接触，多酚类物质酶促氧化，芽叶就更快、更易红变。如采摘时用掐采法操作，会使鲜叶梗茎部快速红变，影响成茶品质。另外，这些机械损伤处会增加病原菌的侵染机会，导致鲜叶产生生理病害。

二、现有茶鲜叶保鲜技术介绍

在茶忙季节，做好从茶园采摘到进厂摊放这段流程内的鲜叶保鲜工作，保证鲜叶的完整性、鲜活性和适制性，是为成茶品质奠定基础，更是实现经济效益的关键。

★传统鲜叶保鲜技术：制茶先人从生产实践中逐渐摸索出了一些防止鲜叶劣变的方法，总结出了一些保鲜的经验。茶园遵守“轻采，轻放，勤收，勤送”的原则，在严格按照标准进行采摘的同时，机械采摘，减少人为损伤，将是未来茶鲜叶保鲜的重要研究方向，特别是名优茶的机械采摘，将成为研究重点。运输时采用竹编网眼篓筐装盛，通气、透风还很轻便，盛装时不能挤压过紧，严禁使用不透气的塑料袋装运鲜叶。现如今很多鲜叶商贩采用更轻便、可塑性更好的尼龙网袋盛装茶鲜叶，但尼龙网袋没有固型，所以盛装时容易造成挤压，使鲜叶间透气性较差，不利于长距离运输，所以要根据具体需要合理选用盛装器具。进厂后立即将鲜叶均匀抖散，防止叶温升高，并做到六不放：阳光下不放，当风口不放，潮湿的地方不放，不通风的地方和不通风的容器不放，不清洁和有异味的地方不放，烧火高温处不放。简而言之，就是贮藏环境要求清洁、阴凉、透气，避免阳光直射。可根据气温高低、鲜叶含水量和茶青老嫩采取适当措施，如气温高时露水叶和嫩叶要薄摊等。当鲜叶薄摊时，通过连续通风增湿，始终保持鲜叶的正常叶温及含水率，能确保茶鲜叶的品质。

★现代鲜叶保鲜技术：现代鲜叶保鲜技术基于对茶鲜叶劣变机理的研究，针对温度、氧气、水分、时间与机械损伤等因素，利用现代技术条件创造“低温低氧、高湿通风”的环境条件，将可能产生的劣变概率降至最低，延长茶鲜叶的保存时间，以利于长途运输及适时加工。

★低温冷藏技术：借助现代低温冷藏技术——指在0℃或略高于茶鲜叶冰点的适宜低温环境下，对茶鲜叶进行贮藏的方法，改善茶鲜叶贮放的小环境，有效抑制茶鲜叶的呼吸强度，延缓衰老劣变，较长时间保持茶鲜叶的新鲜度。茶鲜叶在5℃的低温条件下贮放3天仍可保持新鲜，氮代谢变化不明显，劣变速度减缓。现如今，部分茶鲜叶商贩利用冷藏车将高山上的优质鲜叶运至更远、机械技术条件更好的厂区，远远增大了优质鲜叶供应的辐射范围；也有茶厂增设调温冷藏贮放车间，用于处理来不及加工的鲜叶，以缓解生产高峰期的压力。但低温冷藏技术也存在一些问题，体现在鲜叶的预冷、温度允许的变化范围与贮放期限的关系、冷藏库的管理等方面。鲜叶采下后带有田间热，若不经预冷而直接进行低温贮运，易使鲜叶体温长时间高于环境温度而大量蒸发水分，变得萎蔫，故须对鲜叶进行预冷处理，可采取摊放、强制通风等措施，但要注意控制通风时间与保持湿度，避免对鲜叶造成次生伤害。冷藏库的温度不能恒定为某一温度，而因制冷机的性能、库容和内外温差等因素进行一定范围的调整，应尽量降低贮放环境温度的变化范围，温度、湿度分布均匀，贮放温度波动周期越长，贮放期限越短。另外，冷藏库的管理应注意温度、湿度的控制，不能一次大量进库，以免库内温度、湿度骤升对鲜叶品质造成影响。茶鲜叶的冷藏保鲜与水产品和畜禽肉品不同，须安装冷风柜，强制冷空气流通，不断地带走鲜叶呼吸释放的热量，所以库内应适当通风换气，保持流动的冷空气。

★气体调节技术：气调贮放是在冷藏的基础上改变贮放环境中的气体组成，使其有较高二氧化碳浓度和较低氧浓度，来抑制鲜叶呼吸、水分蒸发和微生物侵染。发达国家普遍用这种方式贮藏苹果等气调保鲜效果明显的果品，但对茶鲜叶尚属试验阶段。根据苏联科学家的研究，20kg容积的聚乙烯容器和载量380kg/m^2的气膜贮藏鲜叶4～5天后，干物质只减少了1.4%～2%；而一般情况下，贮藏一天后，干物质会减少5%，可见气体交换膜贮藏鲜叶效果显著。但运用气调技术，仅靠调节气体成分是不够的，还应考虑温度和湿度等因素。高湿能有效抑制鲜叶水分的蒸发，但若此时二氧化碳浓度过高，会产生碳酸，使鲜叶表面腐蚀、褐变。气体调节技术的高级形式是气调库，近年来国内各地建设了不少气调库，所以也有人建议用气调库来保鲜茶鲜叶。而该法实则不妥，气调库主要适宜贮藏采后具有典型呼吸跃变的苹果、猕猴桃等果品，能用气调库贮藏的园艺产品种类不多，如柑橘、香蕉、葡萄等就不适合，而蔬菜更少有应用。另外，气调库不仅入贮要求高，建设要求也高，需隔热保温、防潮还要阻隔气体，气密性好，库体能承受一定压力，投资、运营成本高，操作管理也复杂费事，所以在国内，气调库真正创造的效益并不高。在茶鲜叶保鲜上，切莫耗费大笔资金，盲目修建气调库。

参考文献

[1]曹卫东，徐昌旭. 中国主要农区绿肥作物生产与利用技术规程[S]. 北京：中国农业科学技术出版社，2010.

[2]程道南. 茶叶采摘标准及技术[J]. 现代农业科技，2013（23）：93+95.

[3]崔峰，骆耀平，陈一心. 茶叶贮藏过程中品质变化及其影响因素研究进展[J]. 茶叶，2008（1）：2-5.

[4]党永超. 信阳低龄茶园间作效果的研究[D]. 中国农业科学院硕士学位论文，2013.

[5]董照锋，赵宇，李俊等. 商洛市茶园产地环境及茶叶重金属污染风险评价及修复[J]. 江苏农业科学，2019（3）：227-232.

[6]杜守建，刘泉汝，王娟. 干旱胁迫下茶园节水灌溉技术研究进展[J]. 农业工程，2018（9）：65-69.

[7]高万君，张永志，童蒙蒙等. 茶园常用除草剂田间药效试验与残留动态[J]. 茶叶科学，2019（5）：587-594.

[8]高占啟，胡冠九，王荟等. 江苏省茶园和农田土壤中拟除虫菊酯类农药残留与污染特征分析[J]. 环境监控与预警，2021（1）：42-46.

[9]顾荣申. 选择适宜的绿肥种类，扩大绿肥的栽培[J]. 中国农业科学，1957（8）：459-462.

[10]黄华斌，林承奇，于瑞莲等. 安溪铁观音茶园土壤重金属

分布及污染评价[J]. 环境化学，2018（5）：994-1 001.
[11] 黄莹，景金泉，肖旭等. 南京市茶园土壤重金属分布特征及污染评价[J]. 广东农业科学，2017（10）：46-51.
[12] 籍瑞芬，李廷轩，张锡洲. 茶园土壤污染及其防治[J]. 土壤通报，2005（6）：151-154.
[13] 李鑫，张丽平，张兰等. 茶园高温干旱灾害防控技术[J]. 中国茶叶，2018（7）：38-41.
[14] 刘建新. 不同农田土壤酶活性与土壤养分相关关系研究[J]. 土壤通报，2004（4）：523-525.
[15] 鲁冬梅，李雪，李继芬等. 新平县茶园核心区土壤重金属污染特征及生态风险评价[J]. 云南农业大学学报（自然科学），2018（6）：1 154-1 162.
[16] 彭晚霞. 亚热带红壤丘陵茶园覆盖与间作的生理生态效应研究[D]. 湖南农业大学硕士学位论文，2006.
[17] 石磊，汤凤霞，何传波等. 茶叶贮藏保鲜技术研究进展[J]. 食品与发酵科技，2011（3）：15-18.
[18] 王峰，单睿阳，陈玉真等. 闽中某县茶园土壤—茶树—茶汤中镉含量及健康风险评价研究[J]. 茶叶科学，2018（5）：537-546.
[19] 王莎莎. 茶叶采摘标准及技术[J]. 广东蚕业，2020（5）：61-62.
[20] 席莹莹. 绿肥种类和种植方式对水稻产量、养分吸收及土壤肥力的影响[D]. 华中农业大学硕士学位论文，2014.
[21] 杨建良，王丽伟. 低温流通对茶叶保鲜度的影响[J]. 农业工程，2019（12）：61-65.
[22] 臧聪，杜晓. 茶鲜叶保鲜及其技术发展[A]. 中国科学技术

协会、云南省人民政府. 第十六届中国科协年会——分12茶学青年科学家论坛论文集[C]. 中国科学技术协会学会学术部，2014：5.

[23] 张振梅，石元值，马立锋等. 采摘标准与施氮水平对茶树春茶产量、品质及氮素利用的影响[J]. 茶叶科学，2014（5）：506-514.

[24] 周景福. 浅谈绿肥在土壤农业中作用[J]. 北方园艺，2002（6）：17.

[26] MICHALIS K, ANDREAS T, ARISTIDIS T, et al. Systematic review of biomonitoring studies to determine the association between exposure to organophosphorus and pyrethroid insecticides and human health outcomes[J]. Toxicology Letters, 2012(2): 155-168.